滨州学院学术著作出版基金资助

# 粒子冲击高效破碎岩石
# 理论与技术

邢雪阳　著

U0170165

中国海洋大学出版社

·青岛·

**图书在版编目(CIP)数据**

粒子冲击高效破碎岩石理论与技术 / 邢雪阳著. —
青岛:中国海洋大学出版社,2018.8
ISBN 978-7-5670-2143-3

Ⅰ. ①粒… Ⅱ. ①邢… Ⅲ. ①岩石破裂－研究
Ⅳ. ①TU452

中国版本图书馆 CIP 数据核字(2019)第 055260 号

| | | | |
|---|---|---|---|
| 出版发行 | 中国海洋大学出版社 | | |
| 社　　址 | 青岛市香港东路 23 号 | 邮政编码 | 266071 |
| 网　　址 | http://pub.ouc.edu.cn | | |
| 出 版 人 | 杨立敏 | | |
| 责任编辑 | 王积庆 | | |
| 电　　话 | 0532—85902349 | | |
| 电子信箱 | wangjiqing@ouc-press.com | | |
| 印　　制 | 北京虎彩文化传播有限公司 | | |
| 版　　次 | 2020 年 11 月第 1 版 | | |
| 印　　次 | 2020 年 11 月第 1 次印刷 | | |
| 成品尺寸 | 170 mm×230 mm | | |
| 印　　张 | 12.5 | | |
| 字　　数 | 202 千 | | |
| 印　　数 | 1—1000 | | |
| 定　　价 | 39.00 元 | | |
| 订购电话 | 0532—82032573(传真) | | |

如发现印装质量问题,请致电 010—84720900,由印刷厂负责调换。

# 前　言

　　深部硬地层、研磨性高井段高效破岩与提速技术已成为制约深井钻井的最大技术瓶颈之一。粒子冲击钻井作为近年来提出的一项新技术,对深部硬地层钻井速度的提高具有较大潜力。钻井新技术都与岩石破碎密不可分,高效、快速破碎井底岩石是油气钻井的核心问题之一。粒子冲击钻井岩石破裂机制对于全面认识和提高粒子冲击钻井的效能至关重要,可对粒子冲击钻井钻头设计等起到重要作用。

　　本书在粒子冲击钻井理论研究基础上,对粒子冲击钻井岩石破裂机制进行了较深入研究。首先,通过粒子冲击岩石破裂理论模型研究,分析了钢粒子磨料射流侵彻岩石的过程,确定了岩石在钢粒子磨料射流冲击作用下的受力,得到了粒子冲击岩石破裂裂纹扩展理论模型,为粒子冲击钻井岩石破裂机制研究奠定理论基础。在此基础上,利用数值方法模拟了单粒子冲击破岩、钢粒子磨料射流侵彻岩石破裂过程和冲击荷载作用下岩石破裂裂纹扩展过程,分析了不同粒子参数、磨料射流浓度等参数对岩石破裂的影响效果,得到了岩石破裂损伤过程规律。通过钢粒子磨料射流冲击岩石破裂的 CT 扫描试验和破岩参数优选试验,进一步验证得到粒子冲击钻井岩石破裂机制和破岩最优参数,提出了粒子冲击钻井钻头优化设计原理,并对粒子冲击钻井钻头水力参数和喷嘴结构进行了优化设计。最后,在基于最优破岩参数和钢粒子磨料射流辅助破岩思想上,研制出钻头,并分别在四川龙岗 022-H7 井、甘肃玉门油田雅探 602 井和胜利油田梁 13-斜 65 井进行了现场先导试验。

　　本书共 5 部分。第 1 部分详细阐述了国内外粒子冲击钻井理论与技术、岩石破碎机制研究现状,评述了前人研究过程中存在的问题和不足之处;第 2 部分研究了射流侵彻岩石理论模型、钢粒子磨料射流压缩波作用对岩石破裂影响、岩石裂隙扩展等问题,分析了粒子冲击岩石破裂的理论模型;第3章分别从单个钢粒子冲击破岩、钢粒子磨料射流侵彻岩石、冲击动荷载作用下岩石破裂裂纹扩展三个角度,系统模拟了粒子冲击钻井岩石破裂的微观机制,得出岩石破裂的宏观表象为冲击区内剪切裂纹的扩展贯通、岩块崩裂和脱痂而导致向侧坑壁和深部不断扩容;第4章利用试验手段,开展钢粒子磨料射流破岩参数优选试验,定性和定量分析了岩石的破裂损伤演变过程,揭示了粒子冲击钻井岩石破裂机制,提出了粒子冲击钻井钻头设计思路,对钻头水力参数和喷嘴结构进行了优化设计,设计加工出2种粒子冲击钻井钻头专用喷嘴;第5章立足国内钻井现场实际条件,研制出8-1/2"牙轮钻头、8-1/2"五刀翼和六刀翼PDC钻头3种粒子冲击钻井专用钻头,并进行了现场试验,结果表明钻头能够满足粒子冲击钻井的功能性要求,钻头使用寿命有保障,提速效果均较明显,其中牙轮钻头机械钻速同比同井上部井段提高92％以上,可保证粒子冲击钻井在坚硬和强研磨性地层的提速预期。

本书主要是作者近年来通过参加中国石油大学(华东)徐依吉教授负责的中国石油"十二五"重大科技专项"钻井新技术新方法研究"子课题"粒子冲击钻井理论与技术"(2011A-4201)、山东省自然科学基金重点项目"粒子冲击钻井技术理论及关键技术"(ZR2010EZ004)及中国石油天然气集团公司重大工程技术现场试验项目"粒子冲击钻井技术研究与现场试验"(2015F-1801)的基础上所取得部分研究成果。

本书的完成,首先归功于徐依吉教授的悉心指导与大力支持,在此谨向恩师致以诚挚的感谢和崇高的敬意!感谢中国石油大学(华东)王瑞和教授、孙宝江教授、管志川教授、程远方教授、邹德勇教授、倪红坚教授、廖华林教授、周卫东高工等对本书内容提出的宝贵意见。感谢中国石油大学(北京)黄中伟教授、西南石油大学熊继有教授、山东科技大学乔卫国教授和李廷春教授的支持与帮助。感谢中国石油大学(华东)赵健博士后、周毅博士、王方祥博士等对本书中部分试验与模拟工作的协助!

由于作者水平有限,书中难免有疏漏和不妥之处,恳请前辈及同仁不吝赐教。

# 目 录

# 1 绪 论

## 1.1 研究背景

我国的能源结构呈现多元化,石油与天然气能源虽不如煤炭储量高,但也占据重要地位,而且随着我国经济的发展和物质生活水平的提高,对石油与天然气的需求大增,导致勘探与开发强度加大。埋藏在浅部采用常规方式开采的油气资源日渐减少,深部油气资源勘探开发技术是未来研究的重点之一。针对我国油气资源向更深部要储量、要产量的新形势、新要求,不断改进钻井技术、提高钻深井速度、缩短建深井周期、降低钻深井成本是油气行业发展的必然趋势与要求。

我国拥有丰富的深层油气资源,近 5 年我国发现的 11 个大型油气田,深层占 8 个。国内深层油气主要集中在塔里木库车山前、川东北和松辽深层,勘探开发潜力巨大。深层油气资源的平均埋深超过 5 km,此类坚硬、研磨性地层井段深度约为全井 1/5,但其钻井周期却占全井约 1/3 甚至更长,多数钻头的钻进进尺不足百米,占全井段进尺约 10%,平均机械钻速 1.4 m/h 左右,钻时占全井钻时的 30%。诸如四川龙岗须家河组、九龙山构造珍珠冲、大庆泉头等地层的可钻性差、地层坚硬、研磨性强等问题严重制约深层油气勘探开发。

深部井段高效破岩与提速技术已成为制约深井钻井的最大技术瓶颈。目前,深井硬地层钻井提速技术主要有井下增压联合机械破岩、高压水射流破岩、超临界二氧化碳钻井、旋冲钻井、高效复合钻井、空气钻井、负压钻井、粒子冲击钻井等。其中,粒子冲击钻井作为近年来提出的一项新技术,对深井硬地层钻井速度的提高具有较大潜力。

深井钻井新技术都与岩石破碎密不可分,高效、快速破碎井底岩石是油气钻井的核心问题之一。粒子冲击钻井岩石破裂机制对于全面认识和提高粒子钻井的效能至关重要,可对钻头设计、适钻地层选择、粒子直径和浓度优选等关键参数起到重要作用。

岩石受到外力作用破裂后扩展过程是油气钻井工程领域的重要问题,其破裂影响区域的大小和程度对钻头破碎井底岩石有重要影响。事实上,天然条件下的岩石裂纹在冲击荷载作用下的扩展是一种较为普遍的现象,应力波等对裂纹的扩展有重要的影响。例如,地震产生的地震波对地层岩体裂纹扩展的影响,射流冲击产生的压缩(拉伸)波对井底岩石裂纹扩展的影响等。

掌握岩石在粒子冲击荷载下的裂纹扩展机制可更好地控制裂纹或断裂的扩展,提高破碎岩石的效率。因此,本书将针对粒子钻井中与岩石破裂有关的问题进行深入研究,其结果可用于粒子钻井钻头设计和其他钻井工程领域相关问题的计算分析中,为粒子冲击钻井高效破岩技术在油气深钻工程中的应用提供理论依据,进一步推动我国油气深井钻探技术的发展。

## 1.2 国内外研究现状及发展趋势

### 1.2.1 粒子冲击钻井破岩研究现状

粒子冲击钻井技术[1](Particle Impact Drilling,PID)是针对深部油气钻井中遇到的坚硬、强研磨性地层而的油气钻井新技术,其实质是磨料射流的一种,主要是将浓度 $1\%\sim3\%$、粒径为 $1\sim3$ mm 的钢粒子输送到专用钻头,从喷嘴高速喷出冲击破碎井底岩石。

Gregory 等[2]首先提出 PID 概念,美国 PDTI 公司对粒子冲击钻井技术投入大量人力物力进行研发,历经十年成功开发出三代系统,在美国极硬、强研磨性地层进行了上百口井的试验,试验结果表明钻速提高 $100\%$ $\sim300\%$。

目前,国内粒子冲击钻井技术正处在理论研究和先期试制阶段。中国石油大学(华东)徐依吉等[3~4]在深入研究了美国粒子钻井系统基础上,基于我国钻井现场实际,研发了我国钻井现场使用的首套粒子冲击钻井系统,并在四川龙岗 022-H7 井成功试验,系统运转稳定,首次实现了粒子冲击钻井的现场应用。

粒子冲击钻井地面各系统研究较为超前和完善,而对于井底粒子冲击破岩的机制以及岩石破裂损伤机制的研究有待进一步深入。

A. Tibbitt 等[5]理论研究了粒子冲击破岩的机制,结合室内及现场试验,指出井底岩石在被粒子冲击出"环形岩脊"而解除围压后,在钻头钻压作用下岩柱受压劈拉破裂。

伍开松等[6]较早研究了钢粒子冲击破岩的规律,并进行了理论和数值模拟方面的研究,分析得到钢粒子破岩规律。

颜廷俊等[7]对粒子冲击岩石损伤破坏的过程进行了数值模拟研究,研究了粒子速度、围压等对破岩的影响。

徐依吉等[4]利用有限元模拟了粒子冲击破岩的机制,认为岩石表面在高速粒子的撞击下形成明显的冲击凹坑而产生体积破碎,并给出了优选的喷嘴水力参数。

钢粒子磨料射流破岩研究较少,但普通磨料射流和高压水射流破岩机制的研究国内外开展较多。

王瑞和、王文波等[8]利用数值模拟手段,研究发现磨料射流颗粒的加速是由于液体的拖曳力,使固体颗粒以很大的速度冲击岩石表面,在触点处岩石形成压入破碎,并产生大量初始裂纹,初始裂纹在应力波的作用下扩展,并产生二次裂纹。

王瑞和、倪红坚[9]研究发现,高压水射流破岩理论中拉伸—水楔和密实核-劈拉理论的认可度较高,认为岩石破坏作用主要有水楔、冲击、动压力、水射流脉冲负荷交变应力、气蚀等,得到岩石的破裂主要是由于岩石受力超高抗拉或抗剪强度产生裂纹的萌生并扩大,形成冲蚀漏斗坑,最后使岩石产生跃进式破碎,即体积破碎。

FOREMAN 等[10]认为在研究射流破岩时可以利用弹性理论和 Griffith 破坏准则计算,提出岩石破坏的主要原因是由于射流应力波和冲击应力作用、水楔作用而引发的岩石内力变化超过岩石抗拉强度而破裂。

Kinoshita 等[11]建立了射流冲击岩石的模型,研究发现射流产生的冲击波较为普遍,认为射流速度对冲击力影响较大,并通过波动理论可计算出岩石受到的冲击力等应力。

Daniel 等[12]通过试验手段发现了射流产生的压缩波和拉伸波的存在,其中在射流作用初期主要是压缩波的作用,在进入岩石一定深度后,拉伸波的作用使岩石破裂。

综上所述,粒子冲击钻井地面各系统研究较为超前和完善,而对于井底粒子冲击破岩机制以及岩石破裂损伤机制的研究有待进一步深入。已有研究表明粒子冲击破岩的高效性,但研究多关注粒子冲击岩石宏观破碎规律和优选喷嘴水力参数,如粒径、浓度、入射角度和喷距等参数对粒子冲击破岩效果的影响,而较少关注岩石维裂纹扩展断裂的微观机制。实际上,岩石破裂的实质主要还是内部原生裂纹在冲击荷载作用下的扩展贯通,并且射流水楔作用和钻头压裂作用会加速这一进程,最终导致岩石破裂损伤而被钻头切削。因此,高频、高速粒子射流产生的冲击对岩石裂纹的起裂、扩展和贯通也起到关键作用。

### 1.2.2　岩石破裂裂纹扩展机制研究现状

Griffith[13]首先研究了材料在受压情况下的裂纹扩展与应力大小的关系,通过大量的理论研究和试验建立了材料强度和性质与裂纹长度的计算公式破坏理论。

随着试验技术手段和理论研究的不断深入,学者对岩石裂纹的认识也不断提高,诸如裂纹扩展规律、含裂纹的岩石本构模型、应力计算等都得到了发展和完善。

Brace 等[14]经过研究发现裂纹的扩展是沿最大主应力方向,此时的岩石受力主要是压剪应力,次生裂纹的形成主要是尖端弯折造成,而扩展是由于压力持续施加的原因,在此基础上他提出了裂纹的滑动模型。

Nolen-Hoeksema[15]通过试验观测到了岩石在外载下裂纹的分布和扩展过程,认为岩石内部和表面裂纹的扩展过程基本上是一致的。

Bobet 等[16]通过试验手段给岩石试件施加单轴压缩荷载,研究了岩石的破坏模式,同时分析了岩石裂隙扩展贯通对于岩石试件破坏的影响。

Wong 等[17]制作了大量含预置裂纹的岩石试件,预置裂纹的角度、摩擦系数、张开度、厚度等各不相同,通过试验研究了裂纹的扩展规律,总结了含裂纹试件的破坏原因和破坏机制。

李廷春等[18]通过制作接近岩石材料的类陶瓷材料的预置裂隙,采用 CT扫描技术、声发射技术等测量了岩石在单轴和三轴压缩条件下裂纹的扩展和贯通,研究得到裂纹的起裂强度、扩展角度和裂纹贯通时受力,较为全面地掌握了裂隙的扩展机制和岩石试件的失稳破坏机制。

任伟中等[19]根据前人的成果,深入研究了岩石内置闭合裂纹的受力和变形情况,得到了裂纹扩展的条件和扩展规律,分析了含裂纹试件的破裂机制,认为裂纹的剪切变形等和裂纹受力、裂纹排列、裂纹贯通的程度有关,并通过试验得到了含裂纹试件的强度计算公式。

Wong 等[20]针对真实岩石试件,制作了三维表面裂纹,通过加载研究裂纹的扩展情况,最后得到了三维表面裂纹的扩展机制。

郭彦双[21]针对三维穿透裂纹和表面裂纹的扩展规律进行了数值模拟研究,开发出了用于计算含裂纹岩石试件加载后受力和变形分析的数值计算程序,并进行了裂纹扩展的模拟,得到了裂纹扩展过程中的应力与应变分布规律,揭示了裂纹扩展机制。

柴军瑞等[22]提出岩体中裂纹水流对裂纹壁同时具有法向渗透静水压力作用和切向拖曳力(渗透动水压力)作用,两者都会使岩体各应力分量增大,诱发裂纹扩展、贯通,并建立了在裂纹壁加法向渗透静水压力和切向拖曳力情况下的两场耦合模型。

赵延林等[23]通过研究渗透压作用下裂纹岩体断裂力学特性,建立了渗流—应力场共同作用下裂纹岩体渗流—损伤—断裂耦合三维本构模型,基于 FLAC3D 进行的数值模拟结果表明:裂纹渗透水压增加导致岩体裂纹起裂、扩展,岩体损伤区增大且向岩体深部发展,诱发断层带扩展甚至贯通。

Charlez 对水压致裂岩石过程进行了理论分析,研究指出:随着水压增加导致微裂纹的扩展,渗透性变化引起的岩体应力场变化十分明显。ZH. W

通过研究发现岩石在开始阶段受到压缩,岩石破裂后裂纹扩展,渗透率变大,而过后阶段随着压缩不断变大,岩石的渗透率反而降低。Yale采用渗流—损伤—断裂耦合分析方法研究了裂纹张开度变大、扩展主要是渗透压力的增大,当渗透压力稳定后,裂纹的扩展也趋于稳定[24~26]。

### 1.2.3 粒子冲击钻井钻头发展概述

粒子冲击钻井技术能快速破碎岩石的本质是能将粒子冲击和机械破岩两种破岩方式结合起来,同时作用在岩石上。钢粒子磨料射流对井底岩石的破碎效率相比于普通磨料射流或水射流大大提高,主要原因是钢粒子冲击岩石时速度高、接触面积小、接触时间短、冲击力强,对岩石的破坏和损伤程度比其他形式的射流要大很多。钢粒子磨料射流对岩石的破裂损伤程度主要与钢粒子直径、密度、速度等参数相关,当各参数达到破碎岩石最优的组合情况下,破岩效率提高,破碎速度也加快。

粒子冲击岩石表面后,首先可能产生压入破坏,在此过程中,会产生大量裂纹,随着粒子持续冲击,裂纹扩展变多,岩石承载强度大大降低,在钻头作用下更容易破碎,加速了井底岩石的剪切破碎,钻头机械齿与钢粒子磨料射流共同作用,大幅提高了钻井破岩速度。

#### 1.2.3.1 国外研究现状

粒子冲击钻井技术与大部分靠冲击、磨碎、刮削硬地层的钻井技术不同,粒子冲击钻井技术利用加入到钻井液中小的坚硬的钢粒子来爆破地层。加速粒子传过钻头上特别设计的喷嘴冲击坚硬的地层,频率在每分钟几十万上百万次,相当于直接连续地冲击坚硬的岩层。

粒子冲击岩石过程中,由于接触面积很小,并且脆性硬地层和钢粒子的弹塑性变形很小,在极短的接触时间内,能够产生足够压入破碎岩石的力,并且在脆性岩石中冲击压缩波的传播深度和影响程度要大于软岩,岩石也更容易破裂和掉块。而对于软性地层来讲,由于岩石较软,弹塑性变形大,钢粒子能够较容易侵入岩石,但此时由于在相互作用过程中接触时间变长,加之岩石受到的冲击能量被岩石的变形吸收转化为岩石的变形能,所以冲击力较低,而且岩石的破碎体积和程度也比不上脆性岩石大。如图1-1所示钢粒子与岩石接触时的情况,可以看出钢粒子与软地层和硬地层接触时,接触的程度是不同的,软地层接触面大于硬地层。因此,硬度高且研磨性强的地层更能凸显粒子破岩的优势。

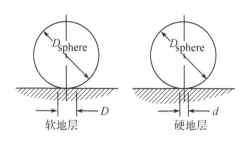

图 1-1 钢粒子与岩石接触面示意图[2]

在初期,国外的粒子冲击钻井钻头发展经历过多种结构和形状,既有在常规钻头基础上改进的钻头,也有专门为粒子冲击钻井特点设计的钻头,并且该种钻头已进行了大量现场试验,取得了一定的应用效果,分别如图 1-2 所示。国外钻头的共同点就是粒子冲击钻头的喷嘴需要设计为特殊的形式,可以加速粒子,从而最优地破碎岩石。

图 1-2 国外粒子钻井钻头发展趋势[2]

国外在近些年,由于相关条件的发展,如泥浆泵、泥浆性能、粒子悬浮等,使得钻头压降、粒子速度、直径都有较大提高,一般国外应用时要求排量 30 L/s,泵压 30 MPa,泥浆携带性好,钢粒子体积浓度 5%左右、钢粒子磨料射流加速粒子速度要达到 150 m/s。逐渐发展了钢粒子磨料射流破岩为主,机械破岩只起很小辅助作用的破岩方式,并以此破岩方式研制了粒子钻井专用钻头。钻头主要由两个或三个侧翼、一个中间突出锥体构成,在中间锥体和每个侧翼上各有一个喷嘴,直接面对岩石。通过塞拉白花岗岩(206.8 MPa)的破岩试验表明:在钻头前部,粒子冲击可以提前破碎 7.62~15.24 cm 距离的岩石,如图 1-3 所示。

图 1-3　破碎花岗岩[2]

随着钻头的旋转,粒子射流井底可以形成同心的两个环形坑,造成中间的岩石环脊。粒子冲击钻井钻头上锥形体在钻压作用下压碎岩石环脊,其上布置的球形硬质合金齿再对岩石环脊进行研磨、造型,侧翼底部及侧面布置的切削齿则负责修复井底和井壁,从而不断快速钻进。

与常规钻井技术相比,粒子冲击钻井技术由于引入了钢粒子磨料射流,破岩效率提高的同时,还可以降低钻井时的钻压和扭矩,降低了钻柱和钻具的破损,钻井施工周期也随之降低,节约了成本,提高了经济效益。

美国粒子钻井公司在北美得克萨斯州东部坚硬、强研磨地层进行了现场试验,试验中所使用的钻头就是粒子冲击钻井专用的 PID 钻头,钻头进尺 105 m,机械钻速 5.4 m/h 左右,比同地区相邻井同井段钻速提高了近一倍。试验结果表明该钻头能够满足粒子钻井的功能性要求。目前,美国粒子钻井公司已研制了多种尺寸型号、不同钻井需求的系列化 PID 钻头,钻头的应用范围也不断扩大。

### 1.2.3.2　国内研究情况

国内研究目前仍然处于初期。在理论研究方面,中国石油大学(华东)高压水射流中心的徐依吉、赵红香通过数值模拟和试验的方法得到了粒子冲击破岩的规律,如靶距、喷射角度、粒子速度、粒子浓度等参数对破岩效果的影响。其中,当靶距变长时,粒子的效率先跟着变大然后接着变小,而且具体的最优喷距与不同的喷嘴结构有关;粒子合适的射入角度在 6°～14° 的范围之内,破岩效率较高;岩石的破碎程度随粒子的速度增大而增大,但如果入射速度过大,冲击能量过高,可能造成粒子侵入岩石较深而无法摆脱岩石的束缚,粒子大量滞留在岩石中不能及时上返离开井底,导致破岩效率的降低,所以粒子入射速度在 100～150 m/s 之间为宜;此外,破岩效率与粒子浓度成正比。从室内所做的这些试验证明加钢粒子的破岩体积是不加钢粒子的 4 倍多,粒子破碎坚硬岩石速度很快。

此外,中国石油大学(华东)高压水射流中心的许鲁楠[27]通过试验手段,分别分析了锥直型、圆柱型、扩散型等各种形式的喷嘴在粒子磨料射流作用下的磨损程度,得到了影响喷嘴磨损的因素和磨损规律,总结了喷嘴的磨损机制,并提出了相应的防磨措施。

中国石油大学(华东)高压水射流中心在 HJT537 牙轮钻头基础上,加工制作出 8-1/2″牙轮钻头,并在川庆龙岗 022-H7 井进行的粒子牙轮钻头现场试验中,纯钻进 56.5 h,进尺 118 m,同比同井上部井段钻速提高了 92%。如图 1-4 所示。

图 1-4 国内粒子钻井现场试验

目前,国外的这类钻头完全依靠粒子快速破岩,切削齿只是承担了一小部分的破碎挤压作用,它的高钻速对粒子的破岩效果要求很高。比如,粒子速度要达到 150 m/s 时,要求钻井液的喷射速度在 150 m/s 以上,钻头压降 20 MPa 左右,对泥浆泵、管汇都是很大考验。高浓度、大直径的粒子虽然破岩效果更好,但不仅增加了泥浆的固相含量,对泥浆的悬浮、携带性能也有很高要求,在国内正常的钻井现场较难实现。

粒子冲击钻头还存在以下几个问题:

(1) 粒子冲击和 PDC 切削齿两种破岩方式的合理匹配问题。国外粒子射流破岩比重占 80% 以上,机械切削齿破岩比重较低,这对粒子射流产生要求非常高,国内的地面设备情况很难满足。

(2) 国外 PDC 类型的钻头有两三个侧翼接触井底,在软硬交错的地层和较大的冲击振动时工作不稳定,容易出现事故且寿命低。

(3) 粒子对刀翼和切削齿的冲蚀或冲击破坏等不确定因素大于牙轮钻头。

## 1.3 技术发展目标与关键内容

### 1.3.1 技术发展目标

粒子冲击高效破碎岩石理论技术的主要目标是通过理论研究、数值模拟和试验方法,分析粒子冲击岩石破裂的理论模型,模拟钢粒子磨料射流侵彻岩石破裂过程和冲击作用下岩石破裂裂纹扩展过程,得出粒子冲击钻井岩石破裂机制,进而为粒子冲击钻井钻头优化设计提供依据。同时,通过数值模拟和试验研究不同参数组合下钢粒子磨料射流破岩规律,确定最优破岩参数,优化钻头水力参数和喷嘴结构设计,在此基础上研制粒子钻井专用钻头,保障粒子冲击钻井技术顺利实施。最终目标是较全面地掌握粒子冲击岩石破裂的内在机制,以研制出使用寿命有保证且高效破岩的粒子冲击钻井钻头。

### 1.3.2 关键内容

本书以粒子冲击钻井技术为研究对象,分析在钢粒子磨料射流冲击作用下的岩石破裂规律,研究粒子冲击钻井岩石破裂机制。关键内容包括:

(1) 粒子冲击岩石破裂理论模型研究。分析钢粒子磨料射流侵彻岩石的过程,确定岩石在钢粒子磨料射流冲击作用下的受力,得到粒子冲击岩石破裂裂纹扩展理论模型,为粒子冲击钻井岩石破裂机制研究奠定理论基础。

（2）利用数值方法，模拟单个钢粒子冲击破岩过程、钢粒子磨料射流混合体侵彻岩石破裂的过程和冲击动荷载作用下岩石破裂裂纹扩展的过程。分析岩石破裂裂纹产生的原因，得出岩石破裂损伤扩展规律，并分析不同粒子参数和磨料射流浓度等参数对岩石破裂的影响效果，初步筛选出粒子冲击破岩参数。

（3）归纳总结粒子冲击钻井岩石破裂机制，进行钻头水力优化设计。开展钢粒子磨料射流冲击岩石破裂的 CT 扫描试验和破岩试验，总结得出岩石破裂机制，获得最优破岩参数，在此基础上，优化设计钻头水力参数和喷嘴结构，加工出粒子冲击钻井钻头专用喷嘴。

（4）研制粒子钻井钻头。针对国内钻井现场实际条件，在基于最优破岩参数，以及机械破岩为主、钢粒子磨料射流辅助破岩的思想上，研制出粒子钻井专用钻头，并进行现场先导试验，验证粒子钻头使用寿命和提速效果。

# 2  粒子冲击岩石破裂理论模型

粒子冲击钻井是在钢粒子磨料射流作用下以高频率和高速度撞击地层岩石，并配合钻头切削齿破碎岩石，然后粒子经钻井液循环到达地面通过回收系统将其回收后，再注入井底，进入粒子冲击钻井下一循环，可实现连续高效的破碎井底岩石。钢粒子磨料射流冲击岩石作用过程主要有两种形式，一种是钢粒子磨料射流对岩石表面的侵彻破碎作用过程，一种是射流产生的应力波动荷载在岩石内部作用过程。本章主要研究钢粒子磨料射流冲击岩石破裂理论模型。

## 2.1  射流侵彻岩石理论模型

### 2.1.1  定常侵彻理论

Birkhoff 等[28]提出射流侵彻理论基于碰撞流体动力学理论，侵彻时射流于岩石界面将产生远大于岩石屈服强度的瞬间冲击应力，根据伯努利方程可知：

$$\frac{1}{2}\rho_j(v_j-U)^2=\frac{1}{2}\rho_t U^2 \qquad (2-1)$$

式(2—1)中：$v_j$——射流的速度，m/s；$\rho_j$——射流流体密度，g/cm³；$\rho_t$——岩石密度，g/cm³；$U$——侵彻速度，m/s。

射流冲击岩石与之发生作用后，直至射流的冲击能量完全转化为岩石变形能过程结束，此时可计算出射流侵彻岩石的深度为

$$P=\frac{UL}{v_j-U}=L\sqrt{\frac{\rho_j}{\rho_t}} \qquad (2-2)$$

$$U=\frac{v_j}{1+\sqrt{\dfrac{\rho_t}{\rho_j}}} \qquad (2-3)$$

式(2—2)、式(2—3)中：$L$——射流长度；$U$——侵彻速度。

### 2.1.2 变速射流侵彻理论

考虑到真实射流速度特点为头部快、尾部慢，且射流长度增加，Abrahamson 和 Goodier[29] 首先研究了非匀速连续直线射流计算方法，Allison 和 Vitali[30] 修正了上述研究成果，Dipersio 和 Simon[31] 在此基础之上总结了三种侵彻深度计算表达式。

（1）射流断裂前的侵彻深度为

$$P = S\left[\left(\frac{V_0}{V_{min}}\right)^k - 1\right] \tag{2—4}$$

式(2—4)中：$S$——虚拟源到岩石距离，取值范围为

$$0 \leqslant S \leqslant V_{min} t_b (V_{min}/V_0)^{1/k}$$

（2）侵彻过程中射流断裂的侵彻深度为

$$P = \frac{(1+k)(V_0 t_b)^{1/(1+k)} S^{k/(1+k)} - V_{min} t_b}{k} - S \tag{2—5}$$

式(2—5)中：$t_b$——射流断裂时间，s；$V_{min}$——发生侵彻的射流速度下限，m/s；$V_0$——射流头部速度，m/s；$k$——岩石和射流密度比值系数；$S$——虚拟源到岩石距离，取值范围为

$$V_{min} t_b \left(\frac{V_{min}}{V_0}\right)^{1/k} \leqslant S \leqslant V_0 t_b$$

（3）到达靶板之前射流断裂的侵彻深度为

$$P = \frac{(V_0 - V_{min})t_b}{k} \tag{2—6}$$

式(2—6)中：$S$——虚拟源到靶板距离，取值范围为

$$V_0 t_b \leqslant S \leqslant \infty$$

### 2.1.3 考虑靶板强度的准定常侵彻理论

在射流速度较慢的侵彻后期，岩石强度影响不可忽略，Tate[32] 和 M. Keefe 等修正了考虑强度后的定常侵彻理论，引入了射流和岩石强度，即

$$\frac{1}{2}\rho_j (v_j - U)^2 + Y_j = \frac{1}{2}\rho_t U^2 + R_t \tag{2—7}$$

若 $\sigma = R_t - Y_j$，上式表示为

$$\rho_j(v_j-U)^2 = \rho_t U^2 + 2\sigma \qquad (2—8)$$

假设 $v_{jc}$ 为临界射流速度，表示侵彻射流终止时所对应的射流速度 ($U=0$)，即

$$v_{jc} = \sqrt{\frac{2\sigma}{\rho_j}} \qquad (2—9)$$

修正后的侵彻深度为

$$P = v_j t_0 \frac{T_0}{T} \left\{ \frac{T_0 + [T_0^2 - (1-k^2)^2 v_{jc}^2]^{1/2}}{T + [T^2 - (1-k^2)^2 v_{jc}^2]^{1/2}} \right\}^{\frac{1}{k}} - S \qquad (2—10)$$

其中，当 $v_{jc}=0$ 时可转化为准定常侵彻。式(2—10)中：

$$T = -k^2 v_j + [k^2 v_j^2 + (1-k^2)^2 v_{jc}^2]^{1/2} \qquad (2—11)$$

$$T_0 = -k^2 v_{j0} + [k^2 v_{j0}^2 + (1-k^2)^2 v_{jc}^2]^{1/2} \qquad (2—12)$$

### 2.1.4 可压缩侵彻理论

假设岩石与射流是可压缩的，且会产生应力波，根据驻点处连续条件，由伯努利方程可得：

$$\frac{1+\lambda_j}{2}\rho_j(v_j-U)^2 = \frac{1+\lambda_t}{2}\rho_t U^2 \qquad (2—13)$$

$$\lambda_j = 1 - \rho_j/\rho_{jx}; \lambda_t = 1 - \rho_t/\rho_{tx} \qquad (2—14)$$

式(2—14)中：$\rho_{tx}$——岩石密度，$g/cm^3$；$\rho_{jx}$——射流密度，$g/cm^3$。

侵彻深度表达式为

$$P = L\sqrt{\frac{\rho_j(1+\lambda_j)}{\rho_t(1+\lambda_t)}} \qquad (2—15)$$

### 2.1.5 钢粒子磨料射流侵彻岩石过程分析

钢粒子磨料射流接触井底在冲击区域产生的高应力以压缩波的方式向岩石深部传导，波动在传导过程中使岩石局部产生破裂损伤，裂纹扩展，孔隙度增加且强度降低，持续的钢粒子磨料射流冲击作用力远大于岩石强度，岩石被侵彻而发生剪切破碎，侵彻破碎往往在很短时间内完成，所以当钢粒子磨料射流作用荷载突然撤掉或没有得到及时补充时，岩石还有一定的弹性恢复。冲击过程中的岩石力学性质变化有四个阶段，如图 2-1 所示。

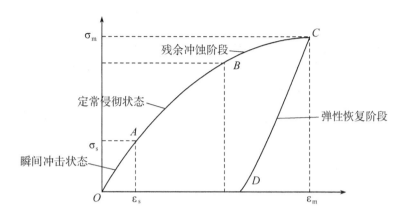

图 2-1 钢粒子磨料射流侵彻岩石过程

### 2.1.5.1 初始撞击阶段

钢粒子经由喷嘴高速喷出后直接撞击岩石表面,此过程先于射流对岩石产生的波动荷载,在射流发生作用前钢粒子群已对岩石产生侵彻作用,但由于作用时间较短,此阶段岩石以弹性变形为主,达到极限屈服强度后,钢粒子压入岩石表面,岩石开始发生塑性流动变形,甚至剪切破碎。

### 2.1.5.2 定常稳定侵彻阶段

定常稳定侵彻阶段作用时间最长,岩石破裂损伤程度最重,钢粒子磨料射流冲击岩石后产生应力波动荷载,并向岩石深部传导,岩石内部由于受拉剪或压剪应力产生破裂,裂纹向岩石自由面方向扩展,形成破裂带,损伤范围不断扩大。同时,钢粒子磨料射流的动能转换为岩石的变形能,速度逐渐减小,定常稳定侵彻阶段接近尾声。

### 2.1.5.3 冲蚀破坏阶段

岩石在经过上一阶段的作用后,强度下降,但并未失去承载强度,存在残余强度,在钢粒子磨料射流持续冲击作用后,能量衰减较大,此阶段对岩石的破坏主要是冲蚀作用,钢粒子磨料射流将带有残余强度的已破裂的碎块岩石冲蚀脱离基体,并携带出破裂区,为后续钢粒子磨料射流破碎岩石提供新的岩石自由面。

### 2.1.5.4　弹性恢复阶段

钻头旋转离开当前破碎区域,钢粒子磨料射流破岩阶段性结束,岩石部分弹性恢复,但恢复量很小,大多是不可逆的塑性变形或剪切流变。

## 2.2　钢粒子磨料射流压缩波对岩石破裂的作用

已有研究成果表明,钢粒子磨料射流冲击岩石表面,会形成应力波,使岩石的应力具有动力荷载特性,诱发岩石破裂后的扩展,岩石破裂损伤程度加重,是最终导致岩石破碎的重要诱因。

### 2.2.1　钢粒磨料射流冲击频率

粒子冲击钻井过程中,钢粒子磨料射流以一定喷速、一定浓度不断冲击岩石,实际上可认为是以一定频率的动荷载不断冲击岩石。冲击频率可以由下式确定[39]:

$$\lambda = \frac{3Q\eta\eta_1}{4\pi R^3 \rho_0} \tag{2—16}$$

式(2—16)中:$\lambda$——粒子冲击频率,万次/分钟;$Q$——管汇流量,m³/s;$\eta$——粒子浓度,取1%~3%;$\eta_1$——粒子堆积密度,取 $5.0 \times 10^3$ kg/m³;$\rho_0$——单个钢粒子质量密度,取 $7.8 \times 10^3$ kg/m³;$R$——粒子半径,mm。

假设钻井管汇流量 30 L/s,采用粒子直径为 1 mm,代入上式计算可得粒子冲击岩石时的冲击频率 $\lambda = 2250$ 万次/分钟。

由此可见,相比于普通磨料射流,钢粒子磨料射流对岩石表面以每分钟2000万次以上的频率进行冲击,同时钢粒子粒径大、硬度高、冲击能量高等,会在中心处形成稳定的冲击动力源,将产生很强的冲击动荷载,促使岩石表面破碎坑周围及内部裂纹扩展、贯通,导致岩石发生剪切破碎,实现高效破碎岩石。

### 2.2.2　压缩波对岩石破裂损伤的作用[33]

当钢粒子磨料射流与岩石碰撞时均发生压缩变形,部分动能转变为应变能,岩石受到的压入应力远大于其强度而发生侵彻破碎。同时,在钢粒子磨料射流与岩石相互作用过程中产生了压缩纵波,波在岩石内部传导过程中导致岩石可能受拉破裂。

根据波动理论,射流波动方程为

运动方程: $$\rho \frac{\mathrm{d}u}{\mathrm{d}t} = \frac{\partial p}{\partial x} \tag{2—17}$$

连续方程: $$\frac{\partial}{\partial x}(\rho u) = -\frac{\partial \rho}{\partial t} \tag{2—18}$$

物态方程: $$\mathrm{d}p = c_m^2 \mathrm{d}\rho \tag{2—19}$$

式(2—17)、(2—18)和(2—19)中:$c_m$——磨料射流声速;$\rho$——磨料射流密度;$p$——声压;$u$——质点速度。

由于射流中产生的应力波大都为短波,振幅较小,上述方程可简化为

$$\rho_m \frac{\partial u}{\partial t} = -\frac{\partial p}{\partial x} \tag{2—20}$$

$$\rho_m \frac{\partial u}{\partial x} = \frac{\partial \rho'}{\partial t} \tag{2—21}$$

$$p = c_m^2 \rho' \tag{2—22}$$

上述简化方程中消去密度增量 $\rho'$ 可得:

$$\frac{\partial^2 p}{\partial x^2} = \frac{1}{c_m^2} \frac{\partial^2 p}{\partial^2 t} \tag{2—23}$$

$$\frac{\partial^2 u}{\partial x^2} = \frac{1}{c_m^2} \frac{\partial^2 u}{\partial^2 t} \tag{2—24}$$

方程解为

$$p(t,x) = P_i \mathrm{e}^{j(\omega t - kx)} + P_r \mathrm{e}^{j(\omega t + kx)} \tag{2—25}$$

$$u(t,x) = U_i \mathrm{e}^{j(\omega t - kx)} + U_r \mathrm{e}^{j(\omega t + kx)} \tag{2—26}$$

式(2—25)(2—26)中:$U_i$、$U_r$——速度幅值积分常数;$P_i$、$P_r$——声压幅值积分常数;$\omega$——圆频率;$k$——波数。

磨料射流产生的应力波作用于岩石表面后,一部分波被岩石表面反射,一部分波穿透岩石进入内部,如图2-2所示。

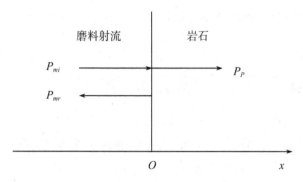

图 2-2　磨料射流垂直入射时的反射与透射

入射波：

$$u_{mi} = U_{mi} e^{[jk(x-c_m t)]} \tag{2—27}$$

$$p_{mi} = p_{mi} e^{[jk(x-c_m t)]} \tag{2—28}$$

反射波：

$$u_{mr} = U_{mr} e^{[jk(-x-c_m t)]} \tag{2—29}$$

$$p_{mr} = p_{mr} e^{[jk(-x-c_n)]} \tag{2—30}$$

透射波：

$$u_p = U_p e^{[jk(x-c_p t)]} \tag{2—31}$$

$$p_p = P_p e^{[jk(x-c_p t)]} \tag{2—32}$$

式（2—27）～（2—32）中：$U_{mi} = \dfrac{P_{mi}}{R_m}$，$U_{mr} = \dfrac{P_{mr}}{R_m}$，$U_p = \dfrac{P_p}{R_p}$

$$(u_{mi} + u_{mr})_{x=0} = (u_p)_{x=0} \tag{2—33}$$

$$(p_{mi} + p_{mr})_{x=0} = (p_p)_{x=0} \tag{2—34}$$

得到：

$$U_{mi} + U_{mr} = U_p \tag{2—35}$$

$$P_{mi} + P_{mr} = P_p \tag{2—36}$$

其中：

$$P_p = \frac{2P_{mi}R_p}{R_p + R_m}, U_p = \frac{2U_{mi}R_m}{R_p + R_m} \tag{2—37}$$

透射波传播时质点速度为

$$u_p = U_p e^{[jk(x-c_p t)]} \tag{2—38}$$

由波动引起的应变为

$$\varepsilon_x = -\frac{u_p}{c_p} = -\frac{U_p}{c_p} e^{[jk(x-c_p t)]} \tag{2—39}$$

射流波动引起的正应力为

$$\begin{aligned}
\sigma_x &= -(\lambda + 2G)\frac{U_p}{c_p} e^{[jk(x-c_p t)]} \\
&= -(\lambda + 2G)\frac{2U_{mi}R_m}{(R_m+R_p)c_p} e^{[jk(x-c_p t)]} \\
&= -(\lambda + 2G)\frac{2U_{mi}\rho_m c_m}{(\rho_m c_m + \rho_p c_p)c_p} e^{[jk(x-c_p t)]}
\end{aligned} \tag{2—40}$$

式中：$\lambda$、$G$——岩石拉梅常数；$R_m$——磨料射流特性阻抗，其值 $R_m = c_m \rho_m$；$R_p$——岩石特性阻抗，其值 $R_p = c_p \rho_p$；$c_p$——岩石声速；$\rho_p$——岩石密度；$c_m$——磨料射流声速；$\rho_m$——磨料射流密度。

射流波动引起的最大正应力为

$$\sigma_{x,\max} = (\lambda + 2G)\frac{2P_{mi}}{(\rho_m c_m + \rho_p c_p)c_p} \tag{2—41}$$

在井下的岩层中，有些岩石的纵波声速（如大理石和白云石）甚至比钢轨还高，达 7000 m/s 以上；有些岩石（如地面以下较浅处的黏土或泥岩）的纵波声速约 1800 m/s，仅略高于水（1450 m/s）；砂岩（最可能储集石油、天然气或水的岩石）的纵波声速可在 3000 m/s 至 5000 m/s 之间，我国华北平原第三系泥岩的声波速度仅 1820 m/s，砂岩声波速度约 2650 m/s，任丘油田著名的震旦系石灰岩、白云岩声速度则达 6500 m/s 以上。

例如，当 $\lambda = 8000$ MPa，$G = 8000$ MPa，$\rho_m = 1340$ kg/m³，$c_m = 1456.2$ m/s，$v = 100$ m/s，$P_{mi} = v\rho_m c_m = 195.1$ MPa，$\rho_p = 2000$ kg/m³，$c_p = 2900$ m/s 时，可计算得波动引起的最大正应力 $\sigma_{x,\max} = 416$ MPa。由此可以看出，射流波动产生的正应力相比于岩石的抗拉或抗压强度非常大，岩石在发生表面侵彻破碎后，波动在内部传导过程中又诱发岩石破裂扩展，破碎体积和效率都较大。

## 2.3　粒子冲击岩石破裂裂纹扩展理论模型

研究表明[33],岩石在受到外力荷载作用时会产生大量裂纹,这些裂纹有径向或横向、闭合或不闭合、切槽状或圆币状等,岩石受到的外力通过传递施加到裂纹上,裂纹在外力作用下扩展贯通,导致岩石强度下降,且在裂纹张开过程中,往往由于水或颗粒的楔入而加速扩展,众多裂纹贯通后交割岩石,形成脱落的小碎块,最终导致岩石破碎。由此可见,岩石的破裂始于裂纹的起裂与扩展,裂纹的扩展长度与角度以及受力,往往决定了岩石破裂的程度和破岩的体积大小,对破岩效率影响较大。

### 2.3.1　岩石裂纹基本形态

岩石裂纹的形态各异,在受力后的扩展形态也不尽相同,一般情况下,按照张开的大小和方向可以将裂纹分成Ⅰ型-张开型、Ⅱ型-滑移型和Ⅲ型-撕裂型3种。

岩石内部存在着的裂纹位置也不同,位于表面的称为表面裂纹,表面裂纹类似于三维的半椭球体;位于岩石内部的称为内部裂纹,一般此种裂纹存在广泛,且数量众多,在理论分析和计算中一般可简化为规则的圆币状或椭圆状;还有一种裂纹贯穿岩石的两个表面,称为穿透性裂纹,类似于一条直线或曲线穿过岩石。岩石各种形态的裂纹如图2-3所示。

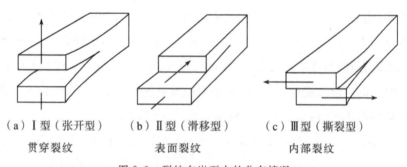

（a）Ⅰ型（张开型）　　（b）Ⅱ型（滑移型）　　（c）Ⅲ型（撕裂型）
　　贯穿裂纹　　　　　　　　表面裂纹　　　　　　　内部裂纹

图 2-3　裂纹在岩石中的分布情况

### 2.3.2　岩石裂纹应力计算模型[34]

假设岩石为弹性体,裂纹尖端的塑性应变相比于岩石可以看作是无限大平面上的情况,根据弹性断裂力学理论分析裂纹受力。

建立如图2-4所示的柱状坐标系,在各向同性、线弹性条件下裂纹尖端附近的应力与距离裂纹尖端的距离的 $r^{-\frac{1}{2}}$ 成正比。

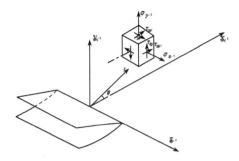

图 2-4　裂纹尖端应力场坐标系

裂纹尖端的应力为

$$\text{I 型裂纹：}\quad \left.\begin{aligned} \sigma_x &= \frac{K_{\mathrm{I}}}{\sqrt{2\pi r}}\cos\frac{\theta}{2}\left(1-\sin\frac{\theta}{2}\sin\frac{3\theta}{2}\right) \\[2mm] \sigma_y &= \frac{K_{\mathrm{I}}}{\sqrt{2\pi r}}\cos\frac{\theta}{2}\left(1+\sin\frac{\theta}{2}\sin\frac{3\theta}{2}\right) \\[2mm] \tau_{xy} &= \frac{K_{\mathrm{I}}}{\sqrt{2\pi r}}\cos\frac{\theta}{2}\sin\frac{\theta}{2}\cos\frac{3\theta}{2} \end{aligned}\right\} \tag{2—42}$$

式（2—42）中：$K_{\mathrm{I}}$——I 型裂纹应力强度因子。

$$\text{II 型裂纹：}\quad \left.\begin{aligned} \sigma_x &= \frac{-K_{\mathrm{II}}}{\sqrt{2\pi r}}\sin\frac{\theta}{2}\left(2+\cos\frac{\theta}{2}\cos\frac{3\theta}{2}\right) \\[2mm] \sigma_y &= \frac{K_{\mathrm{II}}}{\sqrt{2\pi r}}\cos\frac{\theta}{2}\sin\frac{\theta}{2}\cos\frac{3\theta}{2} \\[2mm] \tau_{xy} &= \frac{K_{\mathrm{II}}}{\sqrt{2\pi r}}\cos\frac{\theta}{2}\left(1-\sin\frac{\theta}{2}\sin\frac{3\theta}{2}\right) \end{aligned}\right\} \tag{2—43}$$

式（2—43）中：$K_{\mathrm{II}}$——II 型裂纹的应力强度因子。

$$\text{III 型裂纹：}\quad \left.\begin{aligned} \tau_{xz} &= \frac{-K_{\mathrm{III}}}{\sqrt{2\pi r}}\sin\frac{\theta}{2} \\[2mm] \tau_{yz} &= \frac{K_{\mathrm{III}}}{\sqrt{2\pi r}}\cos\frac{\theta}{2} \\[2mm] w &= \frac{K_{\mathrm{III}}}{\mu}\sqrt{\frac{2r}{\pi}}\sin\frac{\theta}{2} \end{aligned}\right\} \tag{2—44}$$

式(2—44)中：$K_{Ⅲ}$——Ⅲ型裂纹的应力强度因子。

Ⅰ型应力强度因子 $K_Ⅰ$ 值可定义为

$$K_Ⅰ = \lim_{r,\theta \to 0} \left[ \sigma_y (2\pi r)^{1/2} \right] \tag{2—45}$$

运用相同的方法可以定义 $K_Ⅱ$、$K_Ⅲ$，则裂纹尖端应力表达式简化为

$$\sigma_{ij} = K_L (2\pi r)^{-\frac{1}{2}} f_{ij}(\theta) \qquad (L = Ⅰ, Ⅱ, Ⅲ) \tag{2—46}$$

式(2—46)中：$f_{ij}(\theta)$——$\theta$ 的函数。

对于平面应力或应变问题，应力强度因子可表示为

$$K = Y_{\sigma_r} (\pi C)^{1/2} \tag{2—47}$$

式(2—47)中：$\sigma_r$——远场应力，MPa；$Y$——系数；$C$——裂纹长度，mm。

裂纹发生扩展的条件：

$$K_L \geqslant K_{LC} \qquad (L = Ⅰ, Ⅱ, Ⅲ) \tag{2—48}$$

式(2—48)中：$K_{LC}$——应力强度因子的临界值。

### 2.3.3　岩石裂纹扩展长度计算模型

为方便理论推导，假设岩石是弹性的，将岩石内部裂纹的几何形态设为圆币状，裂纹半径为 $a$，计算简图如图 2-5 和图 2-6 所示。

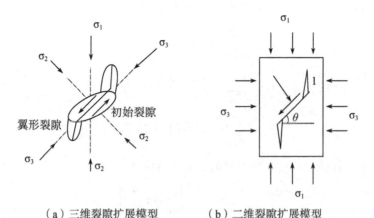

（a）三维裂隙扩展模型　　　（b）二维裂隙扩展模型

图 2-5　裂纹受力示意图

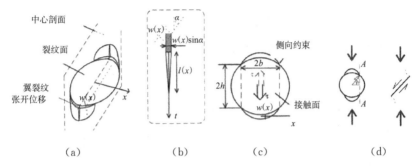

（a）　　　　　　（b）　　　　（c）　　　　　（d）

图 2-6　内部裂纹扩展计算简图

沿裂纹面的位移不连续矢量的弹性解为

$$u'(t) = C[t(l-t)]^{-1/2} \qquad (2—49)$$

式（2—49）中：$C$——常数。

由位移连续方程得

$$\int_0^l u'(t)\,\mathrm{d}t = w(x)\sin\alpha \qquad (2—50)$$

式（2—50）中：$\alpha$——裂纹面与垂直夹角；$w(x)\sin\alpha$——裂纹尖端张开。

将式（2—50）代入式（2—49）可得

$$u'(t) = \frac{w(x)\sin\alpha}{\pi\sqrt{t(l-t)}}$$

$$K_{\mathrm{I}} = \frac{Ew(x)\sin\alpha}{2(1-v^2)\sqrt{2\pi l}} \qquad (2—51)$$

$$A = \frac{1}{2}l \cdot w(x)\sin\alpha$$

式中：$A$——裂纹张开面积；$K_{\mathrm{I}}$——Ⅰ型应力强度因子。

Ⅲ型裂纹的扩展长度可看作裂纹滑移接触面长度，图 2-6（c）可计算出侧向约束，则

$$w(x) = \frac{4(1+v)}{E}\tau\sqrt{b^2-x^2} \qquad (2—52)$$

式（2—52）中：$b$——滑移区半宽度；$\tau$——剪应力。

在应力作用下：

$$\tau=\sigma\sin\alpha\cos\alpha(1-\tan\alpha\tan\mu)=\frac{\sigma\beta(\alpha)}{\sin\alpha} \tag{2—53}$$

式(2—53)中：$\mu$——内摩擦角；$\beta(\alpha)=\sin^2\alpha\cos\alpha(1-\tan\alpha\tan\mu)$。

由式(2—51)、(2—52)和(2—53)可得到裂纹的扩展长度：

$$l(x)=l_{\max}\left(1-\frac{x^2}{b^2}\right),l_{\max}=\frac{2b^2\sigma^2\beta^2(\alpha)}{\pi(1-v)^2K_{\mathrm{I}c}^2} \tag{2—54}$$

翼裂纹受到拉应力扩展后，自身受到的应力集中只能增加其宽度，滑移区的宽度计算如图 2-6(d)所示，Ⅱ型裂纹的应力强度因子的临界值与翼裂纹初始扩展相关：

$$K_{\mathrm{II}}=\frac{4\cos\gamma}{\pi(2-v)}\tau\sqrt{\pi a} \tag{2—55}$$

最大拉应力集中可以用于估算剪裂纹，断裂的判断依据为

$$K_{\mathrm{II}}=\frac{\sqrt{3}}{2}K_{\mathrm{I}c} \tag{2—56}$$

将式(2—56)代入式(2—55)，得到翼裂纹的宽度：

$$b=a\left(1-\frac{\tau_d^2}{\tau^2}\right)^{1/2},\tau\geqslant\tau_d,\tau_d=\frac{\sqrt{3}}{2}K_{\mathrm{I}c}\frac{\pi(2-v)}{4\sqrt{\pi a}} \tag{2—57}$$

式(2—57)中：$\tau_d$——当 $b=0$ 时翼裂纹剪应力，MPa。

### 2.3.4　含裂纹岩石的损伤演化模型

压剪应力状态节理损伤单元体等效应变能为[35]

$$U=U_1+U_2 \tag{2—58}$$

式(2—58)中：$U_1$——裂纹单元体内裂纹未扩展的应变能；$U_2$——由于裂纹扩展而产生的应变能。

由(2—58)式可得：

$$\frac{1}{2}\underline{\sigma}:\underline{C}:\underline{\sigma}=\frac{1}{2}\underline{\sigma}:\underline{C}^1:\underline{\sigma}+\frac{1}{2}\underline{\sigma}:\underline{C}^2:\underline{\sigma} \tag{2—59}$$

两边对 $\sigma$ 求导可得：

$$\underline{C}=\underline{C}^1+\underline{C}^2 \tag{2—60}$$

由式(2—59)、式(2—60)知：

$$C_{ijkl}^2 \cdot \sigma_{kl} = \frac{\partial U_2}{\partial \sigma_{ij}} \tag{2—61}$$

式(2—61)中：$C_{ijkl}^1$——裂纹未扩展前的岩体等效柔度。$C_{ijkl}^2$——裂纹扩展时的附加柔度。

$$C_{ijkl}^2 = \sum_{j=1}^{n} \frac{-F_2^{(j)} \tau^{(j)} + 2F_3^{(j)} \sigma^{(j)} - F_5^{(j)}}{\sigma^{(j)}} n_i^{(j)} n_j^{(j)} n_k^{(j)} n_l^{(j)} + \frac{2F_1^{(j)} \tau^{(j)} - F_2^{(j)} \sigma^{(j)} - F_4^{(j)}}{4\tau^{(j)}}$$

$$[\delta_{jl} n_i^{(j)} n_k^{(j)} + \delta_{jk} n_i^{(j)} n_l^{(j)} + \delta_{il} n_j^{(j)} n_k^{(j)} + \delta_{ik} n_j^{(j)} n_l^{(j)} - 4n_i^{(j)} n_j^{(j)} n_k^{(j)} n_l^{(j)}] \tag{2—62}$$

得到压剪情况下含裂纹岩石的损伤演化方程为

$$C_{ijkl} = C_{ijkl}^1 + C_{ijkl}^2 \tag{2—63}$$

## 2.4　本章小结

本章通过研究粒子冲击岩石破裂理论模型，主要结论如下：

（1）分析了射流侵彻岩石理论模型，将钢粒子磨料射流冲击岩石侵彻过程中分为四个阶段：初始撞击阶段、定常稳定侵彻阶段、冲蚀破坏阶段、弹性恢复阶段。

（2）分析了钢粒子磨料射流应力波作用对岩石破裂的影响，得到了岩石冲击点附近由于波动引起的最大正应力，其值远大于岩石强度而形成岩石侵彻破裂。

（3）分析了粒子冲击岩石破裂裂纹扩展计算理论模型。

# 3 粒子冲击岩石破裂数值模拟研究

岩石破裂的过程时间非常短,通常会伴随高应变率发生,且岩石破裂过程随时间的变化难以通过理论分析或者试验来获得,而且破裂往往是微量级的。因此,借助数值模拟分析粒子冲击岩石破裂过程十分有效。本章通过数值方法对粒子冲击岩石破裂过程进行模拟研究,分析岩石破裂损伤扩展规律,得到不同磨料射流参数和粒子参数对岩石破裂的影响程度。

## 3.1 单粒子冲击岩石损伤模拟

### 3.1.1 有限元分析

粒子冲击岩石控制方程为

质量守恒方程:

$$\rho = J\rho_0 \qquad\qquad (3-1)$$

动量守恒方程:

$$\sigma_{ij,j} + \rho f_i = \rho \ddot{x}_i \qquad\qquad (3-2)$$

能量守恒方程:

$$\dot{E} = \upsilon S_{ij}\dot{\varepsilon}_{ij} - (p+q)V \qquad\qquad (3-3)$$

偏应力: $$S_{ij} = \sigma_{ij} + (p+q)\sigma_{ij} \qquad\qquad (3-4)$$

压力: $$p = -\frac{1}{3}\sigma_{kk} - q \qquad\qquad (3-5)$$

式(3—1)~(3—5)中:$V$——体积;$f_i$——体积力;$\ddot{x}_i$——加速度;$J$——体积变化率;$E$——能量;$\dot{\varepsilon}_{ij}$——应变率张量;$p$——压力;$\sigma_{ij}$——柯西应力。

(1)接触面[36]。

接触面边界为双向接触,即称罚函数法。

（2）动力特性与黏性[36]。

为方便求解动力学微分方程组，在施加荷载时引入一项体现应力波影响的人工黏性，计算表达式为

$$\begin{cases} q = pl(c_0 l \, |\dot{\varepsilon}_{kk}|^2 - c_1 a \, |\dot{\varepsilon}_{kk}|), & \dot{\varepsilon}_{kk} < 0 \\ q = 0, & \dot{\varepsilon}_{kk} > 0 \end{cases} \tag{3—6}$$

式（3—6）中：$\rho$——当前质量密度；$c_0$、$c_1$——常数，分别取值 1.5 和 0.06；$l$——特征长度；$a$——局部声速；$|\dot{\varepsilon}_{kk}|$——应变率张量。

则应力计算公式变为

$$\sigma_{ij} = S_{ij} + (p + q)\delta_{ij} \tag{3—7}$$

式（3—7）中：$\delta_{ij}$——偏应力张量；$p$——压力。

（3）时步控制[36]。

模型整体的黏性阻尼是通过每个单元节点的阻尼总装而成，动力计算式为

$$M \ddot{x}(t) = p(x,t) - F(x, \dot{x}) + H \tag{3—8}$$

引入阻尼影响后，上式变为

$$M \ddot{x}(t) = p - F + H - C \dot{x} \tag{3—9}$$

钢粒子磨料射流冲击岩石引发两种作用力，一种是应力波动荷载，一种是准静态压力，考虑到显式积分法对于波动荷载的传播和影响求解效果较好，而且钢粒子磨料射流对岩石的破坏作用主要是应力波的影响。显示积分计算公式：

$$\ddot{x}(t_n) = M^{-1}\left[ p(t_n) - F(t_n) + H(t_n) - C \dot{x}(t_{n-\frac{1}{2}}) \right] \tag{3—10}$$

$$\ddot{x}(t_{n+\frac{1}{2}}) = \dot{x}(t_{n-\frac{1}{2}}) + \frac{1}{2}(\Delta t_{n-\frac{1}{2}} + \Delta t_n)\dot{x}(t) \tag{3—11}$$

其中：

$$t_{n-\frac{1}{2}} = \frac{1}{2}(t_n + t_{n-1}) \tag{3—12}$$

$$t_{n+\frac{1}{2}} = \frac{1}{2}(t_n + t_{n+1}) \tag{3—13}$$

$$\Delta t_{n-1} = t_n - t_{n-1} \tag{3—14}$$

$$\Delta t_n = t_{n+1} - t_n \tag{3—15}$$

求解过程当中,当前时步由稳定性条件控制,计算各单元极限时步,下一时步区其小值,即时步增量求解法,则

$$\Delta t = \min(\Delta t_{e1}, \Delta t_{e2}, \cdots, \Delta t_{em}) \tag{3—16}$$

式(3—16)中:$\Delta t_{ei}$——第 $i$ 个单元极限时步。

$$\Delta t_e = \frac{\alpha L_e}{Q + \sqrt{Q^2 + c^2}} \tag{3—17}$$

$$Q = \begin{cases} C_1 c + C_0 L_e \mid \dot{\varepsilon}_{kk} \mid (\dot{\varepsilon}_{kk} < 0) \\ 0 (\dot{\varepsilon}_{kk} \geqslant 0) \end{cases} \tag{3—18}$$

$$c = \sqrt{\frac{E(1-\mu)}{(1+\mu)(1-\mu)\rho}} \tag{3—19}$$

式(3—17)~(3—19)中:$c$——材料声速;$E$——弹性模量;$\mu$——泊松比。

(4)边界条件[37]。

钢粒子与岩石在荷载传递时,主要传递压应力,传递沿着钢粒子与岩石的耦合面。

面力边界条件 $S^1$:

$$\sigma_{ij} n_j = t_i(t) \tag{3—20}$$

式(3—20)中:$n_j$——边界外法向余弦;$t_i$——面力。

位移边界条件 $S^2$:

$$x_i(X_j, t) = K_i(t) \tag{3—21}$$

式(3—21)中:$K_i(t)$——位移函数。

总势能为

$$\Pi(x_i) = \int_V A(e) \mathrm{d}V - \int_V F_i x_i \mathrm{d}V - \int_{S_P} P_i \mathrm{d}S \tag{3—22}$$

式(3—22)中:$A_e$——应变能密度;$F_i$——外力;$p_i$——边界力。

根据最小势能原理,对式(3—22)变分:

$$\partial \Pi = \int_V \frac{\partial A(e)}{\partial e_{ij}} \delta e_{ij} \mathrm{d}V - \int_V F_i^{\delta} x_i \mathrm{d}V - \int_{S_v^P} F_i^{\delta} x_i \mathrm{d}S$$

$$= \int_V (\sigma_{ij,j} + F_i)^\delta x_i \mathrm{d}V + \int_{SP_v} (\sigma_{ij}n_{j-P_i}\delta x_i)_i \mathrm{d}S = 0 \qquad (3—23)$$

采取边界力条件,应用高斯定理,将式(3—23)中的外力利用(3—2)动量方程化简得

$$\partial \Pi = \int_V (\rho \ddot{x}_i - \sigma_{ij,j} - \rho f_i)^\delta x_i \mathrm{d}V + \int_{S^2} (\sigma_{ij}n_j - t_i)_i^\delta x_i \mathrm{d}S = 0 \quad (3—24)$$

应满足位移边界条件,则:

$$(\sigma_{ij}\delta x_i)_j - \sigma_{ij,j}\sigma x_i = \sigma_{ij,j}\delta x_{i,j} \qquad (3—25)$$

对式(3—24)分步积得到岩石瞬时最小势能:

$$\partial \Pi = \int_V \rho \ddot{x}_i \delta x_i \mathrm{d}V + \int_V \sigma_{ij}\delta x_{i,j}\mathrm{d}V - \int_V \rho f_i \delta x_i \mathrm{d}V - \int_S t_i \delta x_i \mathrm{d}S = 0$$

$$(3—26)$$

### 3.1.2　建立模型与数值分析

在数值模拟时,采用单一变量方法,仅考虑钢粒子对岩石的损伤,而忽略磨料射流对岩石的破坏损伤,假设钢粒子为完全刚性,在冲击碰撞过程中不变形,粒子粒径选用 1 mm,入射速度为 150 m/s,钢粒子参数见表 3-1。岩石的材料选用灰岩,岩石模型采用 H-J-C 模型,采用 solid 八节点六面体单元,具体参数见表 3-2。最终建立的模型如图 3-1 所示。

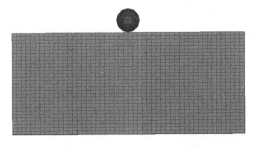

图 3-1　粒子冲击岩石模型

表 3-1　粒子模型参数

| 弹性模量/GPa | 质量密度/kg·m$^{-3}$ | 泊松比数值 |
| --- | --- | --- |
| 210 | 7800 | 0.3 |

表 3-2　岩石参数选取

| 岩石 | 密度 /kg·m$^{-3}$ | 泊松比 | 剪切模量 /GPa | 弹性模量 /GPa | 抗压强度 /MPa | 抗拉强度 /MPa | 抗剪强度 /MPa |
|---|---|---|---|---|---|---|---|
| 灰岩 | 2600 | 0.20 | 27 | 36 | 190 | 12 | 20 |
| $A$ | $B$ | $C$ | $N$ | $K_1$/GPa | $K_2$/GPa | $K_3$/GPa | $S_{max}$ |
| 0.79 | 1.6 | 0.61 | 0.0076 | 85 | −171 | 208 | 5 |
| EFMIN | $P_{crush}$/GPa | $P_{lock}$/GPa | $\mu_{crush}$ | $\mu_{lock}$ | $D_1$ | $D_2$ | |
| 0.01 | 0.523 | 0.8 | 0.0013 | 0.1 | 0.4 | 1.0 | |

表 3-2 中，$A$、$B$、$N$、$S_{max}$ 统称为极限面参数，$A$——特征化黏度强度系数；$B$——特征化压力硬化系数；$N$——压力硬化指数；$S_{max}$——最大特征化等效应力；$C$——率效应系数；EFMIN——断裂时的最小塑性应变；$K_1$、$K_2$、$K_3$——压力参数；$P_{crush}$——压垮静水压力；$P_{lock}$——极限压力；$\mu_{crush}$——压垮体积应变；$\mu_{lock}$——极限体积应变；$D_1$、$D_2$——为损伤常数。

粒子冲击数值模拟结果如图 3-2 所示。

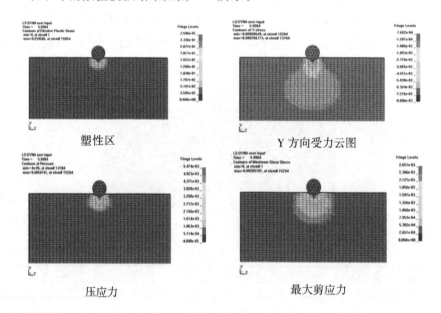

塑性区　　　　　　　　　　Y 方向受力云图

压应力　　　　　　　　　　最大剪应力

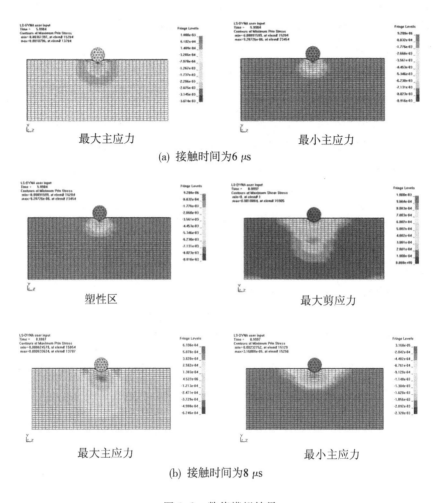

(a) 接触时间为6 μs

(b) 接触时间为8 μs

图 3-2　数值模拟结果

　　图 3-2 所示粒子冲击岩石应力-应变随时间的变化云图,钢粒子冲击岩石的影响区域内,岩石受到的最大剪应力约为 130 MPa,且位于冲击点下某一深度位置;最大主应力(压应力)约为 300 MPa,最小主应力(拉应力)约为60 MPa,且位于冲击面某边缘位置。而岩石的抗剪强度为 20 MPa、抗压强度 190 MPa、抗拉强度仅 12 MPa 左右,因此,岩石在钢粒子冲击作用时的受力都大于岩石的强度指标,岩石发生压剪破碎和拉剪破裂,在脆性岩石产生

拉剪裂纹,拉剪裂纹继续受力则可导致扩展贯通,岩块被裂纹交割而掉落基体,产生剪切破碎。

粒子喷射出后与岩石接触的时间极短,产生很大的接触应力,岩石由于受到强烈冲击而产生裂纹和破碎。随着接触时间的变长,冲击应力波由接触中心向四周扩散,应力波在传播过程中对岩石产生拉伸应力,进一步导致裂纹扩展、贯通,中心处的岩石呈现明显的塑性流变。岩石所受的冲击压力中心处最大,并沿径向方向衰减。因此,在粒径为 1 mm、粒子速度 150 m/s 时的冲击力远超过岩石的抗压强度。

### 3.1.3 不同粒子参数对侵入岩石效果的模拟

#### 3.1.3.1 粒子入射速度对侵入深度的影响

粒径 1 mm 的钢粒子以不同初始入射速度垂直冲击岩石,模拟对岩石侵入深度的影响,如表 3-3 和图 3-3 所示。

表 3-3 侵入深度与速度关系

| 速度/m·s$^{-1}$ | 50 | 100 | 150 | 200 | 250 | 300 | 400 | 500 |
|---|---|---|---|---|---|---|---|---|
| 侵入深度/mm | 0.15 | 0.30 | 0.47 | 0.64 | 0.82 | 1.10 | 1.60 | 2.30 |

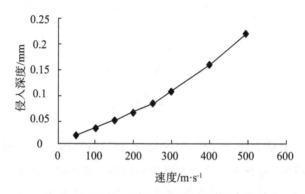

图 3-3 粒子初速度与侵入深度的关系曲线

由图 3-3 可以看出,粒子侵入岩石的深度随初始入射的速度的增加而增加,钢粒子磨料射流速度越大,在接触岩石时对岩石产生的冲击荷载就越大,当速度达到某一值时,超过岩石破裂损伤扩展的临界值,造成岩石破裂损伤急剧扩展,使破裂深度增大。但粒子侵入岩石的深度超过粒径的 50% 后,粒子可能会大量嵌入岩石,由于嵌入力过大,泥浆不能携带走嵌入的粒子而造成重复切削破碎,也容易磨损钻头,不利于高效破岩。

因此,模拟粒子运动轨迹以分析粒子是否会发生反弹或嵌入岩石中,模拟结果如图 3-4 所示。

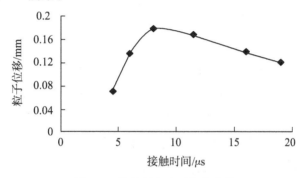

图 3-4　粒子侵入岩石位移曲线

如图 3-4 可以看出,粒子存在一定的反弹,粒子到达最大侵入深度后,位移有一定程度的减小。出现这种现象的原因可能是粒子冲击至最深处时动能为零,受到反射回来的冲击波的作用,使粒子出现反弹。

因此,在粒子钻井技术实际应用时,粒子入射速度在 100~250 m/s 范围比较合适。通过合理设计粒子钻头喷嘴,会存在使破岩效率最高的速度临界值,满足最低速度要求即可实现高效破岩。

### 3.1.3.2　粒子直径对侵入深度的影响

初速度 150 m/s 钢粒子以不同的直径垂直冲击岩石,模拟粒径对岩石侵入深度的影响,结果如表 3-4 和图 3-5 所示。

表 3-4　侵入深度与粒径关系

| 粒径/mm | 0.5 | 1 | 2 | 3 | 4 | 5 | 6 |
|---|---|---|---|---|---|---|---|
| 侵入深度/mm | 0.08 | 0.19 | 0.51 | 0.83 | 1.10 | 1.41 | 1.71 |

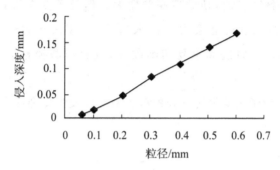

图 3-5　粒子直径与侵入深度关系曲线

由图 3-5 可以看出,粒子侵入岩石的深度随粒径的增大而增大。但是,在实际现场应用时,粒子直径不宜过大,因为这会带来磨损管路和堵塞等一系列问题。因此,粒子直径在 1～3 mm 较合适。

## 3.2　钢粒子磨料射流侵彻岩石破裂过程模拟

### 3.2.1　光滑粒子流体动力学(SPH)算法

SPH 算法是一种 Lagrange 方法,即有限差分法,其原理是利用光滑的粒子的运动和分布求解流体力学中的常见问题。其优点是不必进行模型网格划分,用一些离散化的粒子的速度和位移函数求解,对于冲击碰撞问题中的短时间局部剧烈受力和变形计算起来相对灵活简单。SPH 粒子中某一质点的核函数表达式为

$$A(r) = \int \Omega A(r')°W(r-r',h)\mathrm{d}r \qquad (3-27)$$

式(3—27)中:$h$——光滑长度;$A(r)$——三维坐标向量;$r-r'$——粒子间距;$W(r-r',h)$——核函数。

$$W(x-x',h) = \frac{1}{h(x-x')^d}\theta(x-x') \qquad (3-28)$$

式(3—28)中:$d$——空间维数;$W(x-x',h)$——光滑函数。

光滑函数应满足式(3—29)、(3—30)和(3—31)条件,即

$$\int_{\Omega} W(x-x',h)\,\mathrm{d}x' = 1 \qquad\qquad (3\text{—}29)$$

$$\lim_{h\to 0} W(x-x') = \delta(x-x') \qquad\qquad (3\text{—}30)$$

$$W(x-x',h) = 0, \ |x-x'| > kh \qquad\qquad (3\text{—}31)$$

将连续方程离散化,并由式(3—29)、式(3—31)得:

$$f(x) = \sum_{i=1}^{n} \frac{m_i}{\rho_i} \frac{1}{h(x-x')^d} \theta(x-x'_i) \qquad\qquad (3\text{—}32)$$

式(3—32)中:$\rho_i$——粒子密度;$m_i$——粒子质量。

在 SPH 方法中,一般应用最多的光滑函数为

$$\theta(u) = C * \begin{cases} 1 - \dfrac{3}{2}u^2 + \dfrac{3}{4}u^3, \ |u| \leqslant 1 \\[2mm] \dfrac{1}{4}(2-u)^3, \ 1 \leqslant u \leqslant 2 \\[2mm] 0, \ |u| \geqslant 2 \end{cases} \qquad\qquad (3\text{—}33)$$

式(3—33)中:$C$——常量。

一般用 N-S 方程来描述 Lagrange 形式的流体动力学控制方程:

$$质量守恒方程: \frac{\mathrm{d}\rho}{\mathrm{d}t} = -\rho \frac{\partial v^a}{\partial x^a}$$

$$动量守恒方程: \frac{\mathrm{d}v^a}{\mathrm{d}t} = \frac{1}{\rho} \frac{\partial p}{\partial x^a}$$

$$能量守恒方程: \frac{\mathrm{d}u}{\mathrm{d}t} = \frac{p}{\rho} \frac{\partial v^a}{\partial x^a} \qquad\qquad (3\text{—}34)$$

式(3—34)中:$x^a$——位置张量;$v^a$——速度张量;$\alpha$——张量上标表示坐标方向,取 1,2,3;$u$——单位内能;$t$——时间;$p$——压力。

将 N-S 方程采用式(3—32)进行离散化即可得到离散方程。

SPH 粒子中正应变率、剪应变率、角加速度和体积应变率的计算公式分别如下:

$$\dot{\varepsilon}_x = -\sum_j \beta_x W'_{ij} V_j (\dot{u}_j - \dot{u}_i) l_x / 2\pi x_j \qquad\qquad (3\text{—}35)$$

$$\dot{\varepsilon}_z = -\sum_j \beta_z W'_{ij} V_j (\dot{u}_j - \dot{u}_i) l_z / 2\pi x_j \qquad\qquad (3\text{—}36)$$

$$\dot{\varepsilon}_\theta = -\sum_j \beta_\theta W'_{ij} V_j r_{ij} \, \dot{u}_j / 4\pi x_j^2 \qquad\qquad (3\text{—}37)$$

$$\dot{\gamma}_{xz} = -\sum_j W'_{ij} V_j [\beta_z(\dot{u}_j - \dot{u}_i)l_z + \beta_x(\dot{v}_j - \dot{v}_i)l_x]/2\pi x_j \quad (3-38)$$

$$\omega_{xz} = -\sum_j W'_{ij} V_j [\beta_z(\dot{u}_j - \dot{u}_i)l_z + \beta_x(\dot{v}_j - \dot{v}_i)l_x]/4\pi x_j \quad (3-39)$$

$$\dot{\varepsilon}_v = \dot{\varepsilon}_x + \dot{\varepsilon}_z + \dot{\varepsilon}_\theta \quad (3-40)$$

式(3—35)~(3—40)中:$u$——质点 $x$ 轴速度张量;$V_j$——体积;$v$——质点 $z$ 轴速度张量;$l$——方向余弦;

为保持应变率三个方向连续,利用 $\beta$ 因子正则化光滑函数:

$$\beta_x = \frac{-1}{\sum W'_{ij} V_j r_{ij} l_x^2/2\pi x_j} \quad (3-41)$$

$$\beta_z = \frac{-1}{\sum W'_{ij} V_j r_{ij} l_z^2/2\pi x_j} \quad (3-42)$$

$$\beta_\theta = \frac{-1}{\sum W'_{ij} V_j r_{ij} l_y^2/4\pi x_j} \quad (3-43)$$

利用体积应变率计算应变:

$$\varepsilon_v^{t+\Delta t} = \varepsilon_v^t + \dot{\varepsilon}_v^t \Delta t(1+\varepsilon_v^t) \quad (3-44)$$

式(3—44)可用于计算粒子剪切力偏量、正应力偏量和人工黏度等参数。

钢粒子磨料射流破岩过程的数值模型在计算时,粒子与流体采用流体空模型(MAT-NULL),本构关系方程采用 Mie-Grueisen 状态方程:

$$P = \frac{\rho_0 C^2 \left[1 + \left(1-\frac{r_0}{2}\right)\mu - \frac{a}{2}\mu^2\right]}{\left[1 - (S_1-1)\mu - S_2\frac{\mu^2}{\mu+1} - S_3\frac{\mu^3}{(\mu+1)^2}\right]} + (\gamma_0 + a\mu)Ea \quad (3-45)$$

式(3—45)中:$S_1$、$S_2$ 和 $S_3$——斜率系数;$\gamma_0$——常数;$E$——单位体积内能;$a$——体积修正量。

### 3.2.2  模型建立与模拟结果分析

SPH 模型建立过程中,首先确定钢粒子磨料射流体积浓度,将钢粒子磨料与水粒子视为等直径的球形模型,规则地排列在三维空间中;然后,根据粒子射流束的直径确定 SPH 粒子总数,并从 SPH 总数中随机抽取数量为 $n_p$ 的磨料钢粒子进行材料属性定义,定义剩余颗粒为流体属性。钢粒子磨料射流以速度 150 m/s、钢粒子浓度 1%、喷距 20 mm 冲击岩石,模拟冲击过程中岩石的破裂损伤的过程。岩石采用 H-J-C 模型,具体参数见表 3-2,几何模型几何尺寸为 50 mm×50 mm×100 mm,岩石模型底面和侧面采用非反射约束,如图 3-6 所示。

图 3-6　SPH 粒子与岩石的有限元模型

由于钢粒磨料射流与岩石作用时,钢粒子磨料与岩石的作用时间很短,岩石的破裂损伤在极短时间内完成,一般都在毫秒或微秒级。分别提取四个较典型的时间节点 $t=0$ μs、$t=8$ μs、$t=14$ μs、$t=30$ μs 时刻钢粒子磨料射流冲击岩石的应力状态,分析钢粒磨料射流冲击岩石的过程。模拟结果如图 3-7 所示。

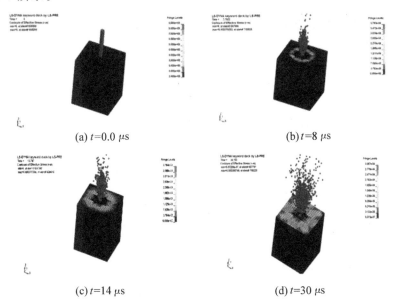

(a) $t=0.0$ μs       (b) $t=8$ μs

(c) $t=14$ μs       (d) $t=30$ μs

图 3-7　钢粒子磨料射流冲击岩石过程

图 3-7 可以看出,钢粒子磨料射流冲击岩石大致经历四个过程:初始冲

击阶段、岩石损伤起裂阶段、岩石破裂损伤扩展阶段、岩石剪切破碎阶段。当 $t=0$ μs 时,钢粒子磨料射流还未对岩石冲击,之后以一定速度冲击岩石表面;$t=8$ μs 时,钢粒子磨料射流已经接触岩石并使岩石产生损伤起裂;$t=14$ μs时,钢粒子磨料射流继续冲击岩石,岩石破裂损伤快速扩展,冲击影响区域的应力急剧增大,同时钢粒磨料射流头部的粒子碰撞岩石后大都反弹;当 $t=30$ μs 以后,岩石呈现大面积体积破碎,大量碰撞后反弹的粒子与岩石脱离,破岩过程完成。

数值模拟结果表明:在钢粒子磨料射流冲击岩石影响区域内,应力急剧升高,岩石由于受压剪和拉剪应力而产生剪切变形,形成初始破裂损伤裂纹;随着钢粒子磨料射流的不断动荷载冲击,岩石处于拉伸和压缩的交变受力状态,破碎区不断向周边和深部扩容,被剪切掉而脱离基体的岩块被射流清洗并携带。

同时,岩石的破碎主要集中在钢粒子磨料射流的冲击点附近,岩石破裂损伤区域扩展也是始于冲击点周边。岩石在钢粒子磨料射流冲击点附近首先会出现裂纹起裂,进而裂纹扩展直至贯通,产生剪切破碎,形成破碎坑,随着钢粒子磨料射流的冲击和新的岩石面裸露,岩石损伤破裂往更深处继续扩展。

### 3.2.3 不同磨料射流参数对岩石损伤模拟

钢粒子磨料射流浓度、冲击时间等射流参数的变化,会直接影响岩石破裂损伤效果。

#### 3.2.3.1 磨料射流浓度对岩石损伤的影响模拟

模拟设定钢粒子磨料射流速度 150 m/s、喷距 20 mm 条件不变,分别以钢粒子体积浓度 1%、3%、5%、10% 冲击岩石,模拟钢粒磨料射流浓度对岩石损伤的影响程度。模拟结果如图 3-8 所示,分别提取钢粒磨料射流冲击岩石不同作用时间 $t=6$ μs、$t=8$ μs 时的岩石冲击区域应力与破碎程度云图(图 3-8),图中破碎的程度以破碎体积的大小确定,破碎坑周围受冲击影响区域应力分布范围随时间变化可直观的分析岩石破裂损伤变化。

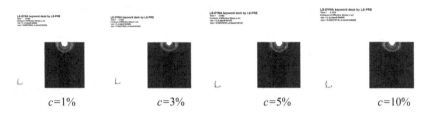

$c=1\%$　　　　$c=3\%$　　　　$c=5\%$　　　　$c=10\%$

(a) $t=6~\mu$s 时,不同浓度钢粒子磨料射流下岩石破碎坑变化

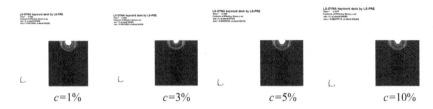

$c=1\%$　　　　$c=3\%$　　　　$c=5\%$　　　　$c=10\%$

(b) $t=8~\mu$s 时,不同浓度钢粒子磨料射流下岩石破碎坑变化

图 3-8　不同浓度钢粒子磨料射流下岩石破碎坑随时间的变化

数值模拟结果表明:粒子浓度 1%~3% 时,破碎坑损伤扩展范围随浓度增大而快速增大,原因是加入钢粒的磨料射流的浓度变大后,冲击动能也越大,岩石的损伤程度也增大;粒子浓度 3%~5% 时,破碎坑损伤范围变化不大,原因是粒子浓度增大导致粒子间互相干涉,消耗了部分能量,岩石的损伤破裂速度有所降低;但在粒子浓度继续变大时,干涉能量消耗迅速增大,岩石损伤破裂的程度变慢,但破岩的体积会较大增加。

因此,综合考虑能量利用率、管路堵塞、磨损和粒子上返等,实际应用时粒子浓度不宜过大,保持在 5% 以内为宜,完全可以满足钢粒子磨料射流破岩的要求。

### 3.2.3.2　磨料射流冲击时间对岩石损伤的影响模拟

模拟设定钢粒子磨料射流速度 150 m/s、喷距 20 mm、钢粒体积浓度 1% 条件不变,分别以冲击时间 1 $\mu$s、3 $\mu$s、7 $\mu$s、12 $\mu$s 冲击岩石,模拟钢粒磨料射流作用时间对岩石损伤的影响程度。模拟结果如图 3-9 所示。

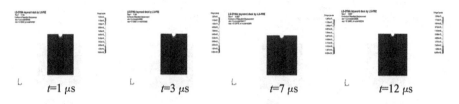

| | | | |
|---|---|---|---|
| $t=1\ \mu s$ | $t=3\ \mu s$ | $t=7\ \mu s$ | $t=12\ \mu s$ |

图 3-9　不同冲击时间下岩石破碎坑变化

数值模拟结果表明:岩石在钢粒子磨料射流冲击荷载作用下首先形成初始损伤,裂纹起裂、扩展,岩石破裂和损伤程度随时间快速扩展,破碎坑体积呈增大趋势;随后由于喷距加长、能量降低和粒子堆积等影响,岩石破裂损伤趋于稳定。

因此,在实际粒子钻井技术应用中,会存在最优的钻头转速、送钻速度,可以使得钢粒子磨料射流在一定时间内充分破碎岩石,提高破岩效率。

## 3.3　冲击荷载作用下岩石破裂裂纹扩展数值模拟

以上分析的主要对象是钢粒子磨料射流,初步揭示出钢粒子磨料射流冲击作用下的岩石破裂损伤全过程,本节以岩石为主要研究对象,通过分析其强度受力、变形、塑性区扩展、裂纹扩展规律等,进一步揭示岩石在钢粒子磨料射流冲击荷载作用下的破裂损伤机制。

### 3.3.1　建立模型与计算方法

#### 3.3.1.1　模型建立

钢粒子磨料射流冲击侵彻岩石表面后,会在破碎坑周边及内部产生裂纹,本次数值模拟针对岩石这一初始损伤,模拟岩石破裂后内部裂纹扩展贯通的过程,从微观角度揭示岩石破裂机制,为方便计算,不考虑水射流和粒子对裂纹的楔入作用。

岩石试件选用灰岩,物理力学参数见表 3-2,试件为长方体,底部设置为固定端,岩石顶部施加的钢粒子磨料射流冲击荷载假设为三角形应力波荷载,如图 3-10 所示,输入应力波响应模拟,通过控制模型端面位移速率的方法进行加载,计算时时步长为 0.03 $\mu m/step$,岩石终止动力反应的时间为 30 $\mu s$,根据一维弹性应力波公式有:

$$v=\sqrt{\frac{E}{\rho}}$$

$$v=\frac{\lambda}{T} \tag{3—46}$$

式中：$v$——纵波波速，m/s；$\lambda$——波长，mm；$\rho$——岩石密度，g/cm³；$T$——应力波作用时间，μs；$E$——岩石弹性模量，Pa。

根据表 3-2 所示的岩石物理力学参数，岩石弹性模量 36 GPa，岩石密度 2.6 g/cm³，代入式(3—46)，计算可得应力波波速约为 3778 m/s，波长约为 113.34 mm。岩石加载受力示意图如 3-11 所示。

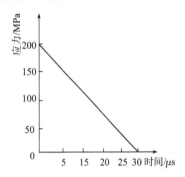

图 3-10　施加的应力波

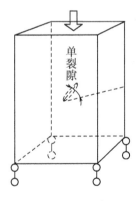

图 3-11　岩石加载受力示意图

为便于建模及计算,假设岩石被钢粒子磨料射流冲击后,在破碎坑周边及内部产生的裂纹为闭合的圆币状,模拟岩石破裂及裂纹扩展过程。模型如图 3-12 所示。

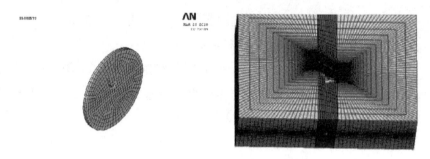

图 3-12　岩石内部裂纹模型和岩石模型

### 3.3.1.2　计算方法步骤

钢粒子磨料射流冲击侵彻岩石表面后,会在破碎坑周边表面及深部产生裂纹,采用摩尔-库伦破坏准则,利用 FISH 语言编写了考虑材料单元参数软化模型的计算程序,如图 3-13 所示。该计算程序考虑了裂纹扩展后,岩石刚性降低、柔性增强的影响,实际计算过程中对岩石的强度准则每计算一步进行强度打折,以模拟岩石强度的变化和损伤扩展过程。荷载加载与时间步有关,计算方法步骤如下:

(1)定义岩石物理力学性质,施加图示 3-10 的应力波荷载,并控制加载时步。

(2)定义岩石塑性扩展单元,在岩石塑性扩展过程中,考虑岩石强度受波动影响的时间效应,每计算 1 步都重新对岩石单元强度的折减重新赋值,定义为当前强度下受拉-剪破坏单元(Now Damage Unit),可以体现岩石损伤后逐渐失去强度的变化,同时将裂纹单元定义为空单元(Null)。

(3)设定计算过程中岩石破裂损伤判据,定义岩石受张拉应力的损伤单元后失去材料强度,认定其单元失效;定义岩石受剪切应力的损伤单元在下步加载时还有残余承载能力,原因是受剪切单元在裂纹面上存在摩擦效应使其并没有完全失去强度，为这些单元赋值一个残余强度系数，进入下一步损伤计算，直至完全失去强度而失效；定义远离影响区域的岩石单元强度不变。

（4）第1步加载计算结束后，自动循环进入下步计算，直至加载完成，终止应力波动力响应。

（5）计算结束后，提取岩石破裂裂纹周边的塑性区扩展演化过程云图、应力变化云图，分析岩石破裂损伤。

图 3-13　岩石破裂裂纹扩展计算程序

### 3.3.2　内部裂纹塑性区扩展过程

如图 3-14 所示的岩石内部一条裂纹周边塑性区扩展过程，可以看出，岩石裂纹周边的塑形破坏单元主要分布在裂纹尖端。在刚开始加载的时程内，裂纹周边塑性区扩展范围很小，岩石损伤较轻，仅是在裂纹尖端出现了应力集中现象；随着加载时程的继续，岩石裂纹尖端开始出现压碎区，塑性区开始小范围扩展；随后，裂纹周边出现的拉应力导致裂纹尖端起裂，翼裂纹开始向上、向下扩展，塑性区扩展范围和程度进入快速增长阶段，岩石的损伤程度也随之加剧；最后，裂纹扩展的长度不断延伸向岩石自由面，导致岩石局部形成剪切破裂带。

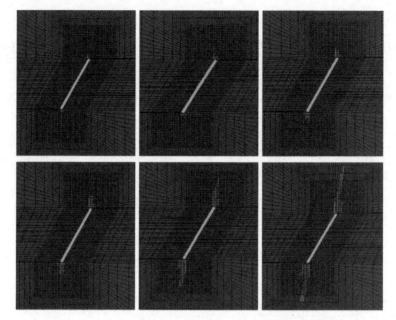

图 3-14　岩石内部裂纹周边塑性区扩展平面图

### 3.3.3　内部裂纹受力分析

如图 3-15 所示岩石裂纹中心剖面最小主应力(压应力)云图,可以看出,初期加载时程内,压应力分布范围大多位于裂纹腹部边缘,在这些部位的岩石单元受压而产生小范围压碎区;随着加载时程增加,压应力值不断增大,并且压应力范围向裂纹两尖端移动,最大压应力出现在裂纹尖端。

如图 3-16 所示岩石裂纹中心剖面最大主应力(拉应力)云图,可以看出,开始阶段,裂纹周边岩石单元受拉应力范围很小,拉应力值也不大;随后,在裂纹面两侧,受拉应力范围逐渐扩大,岩石受拉单元也随之快速发展,拉应力向裂纹尖端集中,最大拉应力出现在裂纹尖端,并随着加载时程向远处延伸,岩石受拉应力最大的单元也随着翼裂纹的扩展方向而同步移动。

如图 3-17 所示岩石裂纹中心剖面剪切应力云图,可以看出,开始时,剪应力分布范围较小,主要集中在靠近裂纹尖端的两侧位置;随后,剪应力区域快速增大,岩石受剪单元范围扩大,在位于裂纹面的区域出现了最大压-剪应力值,在位于裂纹尖端附近的区域出现了最大拉-剪应力值,并随着加载时程逐渐沿裂纹扩展方向同步延伸。

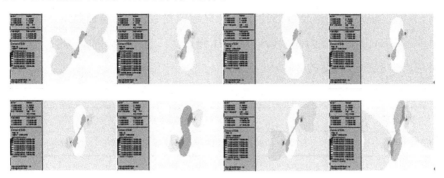

图 3-15 内部裂纹中心剖面最小主应力变化图

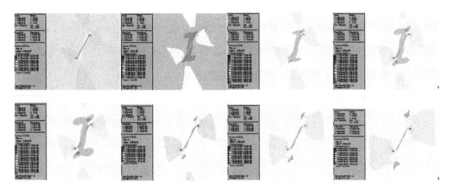

图 3-16 内部裂纹中心剖面最大主应力变化图

图 3-17 内部裂纹中心剖面剪应力变化图

表 3-5 为提取的裂纹周边某一点对应裂纹扩展每步的受力变化,可以看出,当第二阶段出现裂纹沿裂纹面发生自相似扩展时(起裂阶段),该点受力为 60 MPa,由于选用的灰岩岩石的抗压强度为 190 MPa,因此,起裂应力约为灰岩岩石抗压强度的 31.5%。

表 3-5　追踪点处岩石某单元应力时程变化

| 时步/step | 1 | 2 | 3 | 4 | 5 | 6 | 7 | 8 |
|---|---|---|---|---|---|---|---|---|
| 应力/MPa | 30 | 60 | 110 | 130 | 148 | 160 | 186 | 218 |

数值模拟结果可以看出,在钢粒子磨料射流冲击作用下,当内部裂纹起裂后,翼裂纹产生并沿裂纹两尖端方向分别扩展,并逐渐沿着裂纹周边包裹裂纹,面积越来越大,此时无裂纹区中微裂纹也开始萌生并扩展,如果岩石内部众多裂纹汇合、贯通,岩石被裂纹交割成碎块,在钢粒磨料射流冲击作用下促使岩石局部崩裂掉落,产生剪切破碎。

### 3.3.4　内部裂纹贯通模拟

为计算分析方便,只是选取了一条规则裂纹进行模拟其损伤演变过程,但是实际情况中,岩石在受到粒子冲击后,会在表面及内部形成无数条微裂纹,有些肉眼甚至不可见,这些裂纹形态和分布各异,这些排列无序的微裂纹在荷载作用下,相互交割、融汇、扩展、贯通,加速了岩石局部破裂,最终会导致岩石破碎。为直观的展示这种裂纹的融汇、贯通,以下选取两条内部裂纹,模拟裂纹间的融会贯通损伤过程。

如图 3-18 所示两条裂纹损伤融会贯通过程,荷载施加后,每条裂纹各自开始由裂纹尖端扩展,塑形区范围不断扩大,在达到起裂强度后,翼裂纹产生并扩展,岩石损伤破裂带不断延伸、变宽;随着加载过程,塑性区逐步沿着两条裂纹之间的岩桥单元扩展,两裂纹也最终汇聚,随后继续扩展翼裂纹,最终与初始损伤汇合,导致了裂纹周边区域出现较大面积剪切破碎。

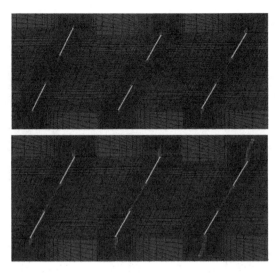

图 3-18　两条裂纹塑性区融会贯通过程

如图 3-19 两条裂纹中心剖面最小应力云图,两条裂纹受到的压应力分布规律与单个裂纹受力无异,最大值都位于两条裂纹的尖端;随着加载时步的增加,区别于单裂纹是两条裂纹间的岩桥区域所受的压应力单元逐渐消失,不再受到压应力,表明岩桥已贯通,即两条裂纹沿其岩桥连线汇合;最后,两条裂纹远离岩桥的裂纹尖端受压应力范围快速扩展,压应力值也升高,表明翼裂纹起裂后该处岩石单元损伤扩展。

如图 3-20 两条裂纹中心剖面最大应力云图,可以看出,在开始阶段,两条裂纹受到的拉应力分布规律与单个裂纹受力无异,受拉区域逐渐包裹裂纹,形成拉伸破裂带,最大拉应力值都位于两条裂纹的尖端;随后,翼裂纹起裂扩展后,最大拉应力区逐渐向裂纹尖端移动,在两条裂纹间的岩桥区域,基本并没有受到拉应力作用。

如图 3-21 两条裂纹中心剖面剪切应力云图,可以看出,在开始阶段,两条裂纹受到的剪应力分布规律与单个裂纹受力无异,两条裂纹各自的尖端出现最大拉剪应力,而各自的裂纹面上出现了最大压剪应力;随后,岩桥连线区域的拉剪和压剪应力逐渐消失,不再受力,表明两条裂纹间的岩石塑性单元贯通,形成较大的破裂带,破裂带向岩石自由面方向扩展,最后在岩石某个自由面汇合而局部崩裂脱离基体，产生剪切破碎。

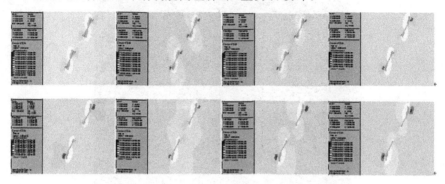

图 3-19　两条裂纹中心剖面最小应力变化图

图 3-20　两条裂纹中心剖面最大应力变化图

图 3-21　两条裂纹中心剖面剪应力变化图

### 3.3.5　岩石破裂损伤过程规律小结

通过对钢粒子磨料射流冲击作用下岩石内部裂纹扩展过程分析,得出以下结论:

(1)裂纹中心沿裂纹边缘扩展产生自相似扩展裂纹,即裂纹起裂,起裂强度约为灰岩岩石抗压强度的31.5%,裂纹的损伤过程主要是裂纹上、下缘自相似扩展、翼裂纹扩展以及扩展产生的次生裂纹再扩展。

(2)裂纹尖端存在张应力和剪应力,压—剪应力导致裂纹面附近的自相似扩展,拉剪应力导致裂纹尖端的翼裂纹扩展。

(3)两条裂纹间的岩石塑性单元扩展,导致岩桥贯通形成较大的破裂带,破裂带向岩石自由面方向扩展,最后在岩石某个自由面汇合而局部崩裂脱离基体,产生剪切破碎。

(4)可以预见,岩石在受到粒子冲击作用后,会在岩石表面及内部形成无数条微裂纹,这些裂纹形态和分布各异,这些排列无序的微裂纹在荷载作用下,沿自由面相互交割、扩展、汇聚、贯通,加速岩石局部破裂,脱离基体,最终会导致岩石剪切破碎。

## 3.4　本章小结

本章从有限元基本理论出发,数值模拟了单粒子冲击破岩、钢粒磨料射流侵彻岩石破裂过程和冲击荷载作用下岩石破裂裂纹扩展过程,分析了不同粒子参数、磨料射流浓度等参数对岩石破裂的影响效果,初步选取了最优破岩参数,总结了岩石受冲击荷载作用下破裂扩展过程,其主要结论如下:

(1)模拟结果表明,钢粒子直径1～3 mm、入射速度100～250 m/s、钢粒子磨料浓度5%以内范围岩石破裂损伤较严重。

(2)单个钢粒子冲击岩石的影响区域内,岩石受到的最大剪应力约为130 MPa,且位于冲击点下某一深度位置;最大主应力(压应力)约为300 MPa,最小主应力(拉应力)约为60 MPa,且位于冲击面某边缘位置。而岩石的抗剪强度为20 MPa、抗压强度190 MPa、抗拉强度仅12 MPa左右,因此,岩石在钢粒冲击作用时的受力都大于岩石的强度指标,岩石发生压剪破碎和拉剪破裂,在脆性岩石产生拉剪裂纹,拉剪裂纹继续受力则可导致扩展贯通,岩块被裂纹交割而掉落基体,产生剪切破碎。

(3)钢粒子磨料射流侵彻岩石模拟结果表明,冲击荷载使岩石的应力在短时间内升高并产生局部大应变,冲击点附近首先会出现裂纹起裂,随后在冲击区域形成初始的岩石损伤破碎坑,促使岩石损伤破裂往更深处继续扩展。

(4)岩石破裂裂纹扩展过程模拟结果表明,裂纹起裂强度约为灰岩岩石抗压强度的 31.5%,压-剪应力导致裂纹面附近的自相似扩展,拉剪应力导致裂纹尖端的翼裂纹扩展;岩桥贯通形成较大的破裂带,破裂带向岩石自由面方向扩展,最后在岩石某个自由面汇合而局部崩裂脱离基体,产生剪切破碎。

# 4 粒子冲击岩石破裂机制与钻头水力参数优化设计

前面章节已经通过理论分析和数值模拟研究了粒子冲击岩石破裂的规律,本章通过室内试验进一步研究粒子冲击岩石破裂机制,在此基础上,依据国内钻井实际,提出粒子冲击钻井钻头的设计优化原理,并进行牙轮钻头和 PDC 钻头水力参数和喷嘴结构优化设计,以满足粒子钻井用钻头的粒子加速和破岩效果。

## 4.1 粒子冲击钻井岩石破裂机制研究

### 4.1.1 钢粒子磨料射流冲击岩石破裂的 CT 扫描试验

在室内破岩试验基础上,对破岩试件进行 CT 扫描试验,从微观角度观测岩石破裂裂纹损伤演变,以期通过试验数据进一步分析揭示粒子冲击岩石破裂机制。

#### 4.1.1.1 CT 扫描技术与检测原理

CT 是英文 Computerized Tomography 的简称,意为"计算机体层扫描成像技术",优点就是从被测体外部探测物体内部变化情况而不破坏物体。

物体的 CT 数表示其对 X 射线吸收的程度,这与物体内部的构造和密度等因素相关,被测物体的 CT 数由下式方程确定:

$$H_{rm} = 1000 \times \frac{\mu_{rm} - \mu_{H_2O}}{\mu_{H_2O}} \qquad (4-1)$$

式(4—1)中:$H_{rm}$——CT 数,纯水取 0,空气取 $-1000$;$\mu_{rm}$——射线吸收系数;$\mu_{H_2O}$——纯水吸收系数,取值一般为 1。

吸收系数与密度的关系式为

$$\mu_{rm} = \mu_{rm}\rho \qquad\qquad (4\text{—}2)$$

代入式(4—1)可得：

$$\rho = \frac{\dfrac{H_{rm}}{1000}+1}{\mu_m} \qquad\qquad (4\text{—}3)$$

从式(4—3)式可以看出,物质的密度可以直接由该物质 X 射线吸收系数来表示,而吸收系数又由被测物体的 CT 数确定,CT 数可以通过试验得到,因此可以用 CT 数来定量分析物体内的密度变化。

岩石破裂区在 CT 图像中表现为低密度暗区,根据 CT 数及 CT 方差可以确定岩石内部发生变化的类型和程度,并由此判断岩石某个部位处于完好还是破裂等,如 CT 数下降而其方差上升即可判定岩石破裂。

### 4.1.1.2　试验方法与步骤

本次试验与第三方合作共同完成,采用西门子 SOMATOM-PLUS 螺旋 CT 机,岩心试件为灰岩。由于试验费用较高和数据提取分析工作量大,目前尚没有条件进行大量试件的实时扫描,只能选取少量典型的损伤试件进行初步试验,今后有待深入。

扫描前,在粒子冲击破岩试验的基础上,首先,将不同冲击时间的岩样分类记录,由于岩石在钢粒子磨料射流冲击后产生的裂纹大多为微观裂纹,为便于定量分析,本次扫描挑选出裂纹较大、损伤较明显的试件,试验共挑选扫描 4 组试件,每个试件扫描 2 层,分别位于破碎坑局部周边上层和下层,扫描层示意如图 4-1 所示。然后,对粒子冲击岩石的不同阶段的断面进行扫描,研究粒子冲击岩石破裂后裂纹的损伤过程。

试验过程中,重点扫描粒子冲击破碎坑周边损伤演变,通过 CT 数、方差、图像等分析周边破裂损伤扩展过程的 CT 图像变化,从而掌握岩石破裂损伤规律。

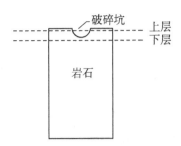

图 4-1 岩石扫描层示意图及试验仪器

### 4.1.1.3 横向 CT 扫描图像结果与分析

横向扫描图像结果如下图 4-2 所示,每幅图中上面两个图为上层扫描图像,下方两个图像为下层扫描图像,自左到右表示不同冲击时间下,岩石试件自破碎坑到周边破裂区演变情况。图 4-2 中,由于被扫描部位在不同冲击时间下所包含裂纹面积和损伤程度不同,所以图像颜色的深浅不同,颜色越深的区域代表岩石裂纹扩展,损伤程度较重,孔隙度增加,密度降低;颜色越浅的部位表示岩石损伤程度越轻,密度变化不大。

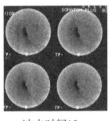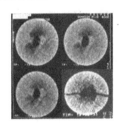

冲击时间10 s        冲击时间20 s

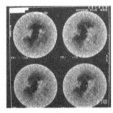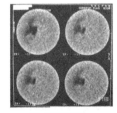

冲击时间40 s        冲击时间60 s

图 4-2 岩石局部破裂损伤演变 CT 扫描图像

由 CT 扫描图像 4-2 可见:开始阶段,由于钢粒子磨料射流的侵彻破碎,岩石表面形成了小的破碎坑,破碎坑上层和下层损伤区域大小基本一样,这时岩石的破裂损伤（阴影区域）基本在破碎坑周边，此时也可能产生了极细微的损伤裂纹，由于分辨率问题，显示并不明显，略微有阴影出现。随着冲击时间的增加，扫描层内 CT 图像颜色发生了明显变化，黑色区域逐渐扩大，并且集中在破碎坑周边，表明岩石扫描层上、下层裂纹逐渐起裂扩展，岩石破裂损伤区域逐渐扩大，上层损伤区域相比于下层面积稍大，原因可能上层受粒子冲击扩散范围大导致。由最后一张扫描的图像可以看出，断裂是围绕破碎坑展开的，裂纹逐渐向岩石自由面扩展贯通，形成较大可见裂缝，初步判定试件的局部崩裂是由裂纹的扩展造成，具体岩石破裂损伤过程要根据后面的定量分析确定。

### 4.1.1.4 纵向 CT 扫描图像结果与分析

从不同层的横向扫描图可以得到破裂区域扩展情况，但不如纵向图可直观的观测侵彻深度范围内的损伤情况。本次试验对破裂扩展过程进行横向 CT 扫描后，还选取了部分破坏后试件对破裂损伤区域进行了纵向 CT 扫描，如图 4-3 所示。

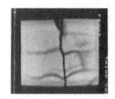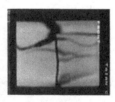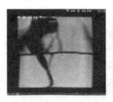

图 4-3 岩石纵向 CT 扫描图像随时间变化图

如图 4-3 可知，岩石破裂随冲击时间沿深度方向逐渐扩展延伸，并伴随众多次生裂纹的扩展，偶见多条较大裂纹贯通，冲击破碎坑大体呈现倒"V"字形，与岩石破碎坑破碎理论吻合较好。

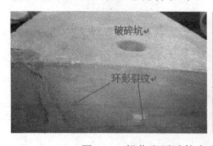

图 4-4 部分岩石试件出现的环形裂纹情况

由图 4-3、图 4-4 看出，个别岩石试件侧面出现了环形裂纹，由于岩石较硬脆，裂纹较细，这可能与应力波拉伸作用有关，（超）高压水射流破岩过程初期应力波作用明显，并且一般在超高压水射流中（200 MPa）更为常见，相比钢粒磨料射流荷载的数量级也更高，例如王瑞和、倪红坚、王明波等学者在研究超高压水射流中，已深入研究了应力波拉伸作用对岩石试件环形裂隙的产生原因及破坏规律。

如果能够通过合理控制钢粒子磨料射流浓度（与冲击频率相关）、压力，可能会观测到破碎岩石能量更高的应力波破碎现象，更能提高对破碎岩石效率的认识。但本书未对此进行深入研究，今后有待完善。

### 4.1.1.5　岩石破裂定量分析

为较好地定量得出损伤区及附近区域的裂纹扩展情况，划分冲击破碎坑及周边主要破裂影响区域为圆 1，受破裂影响较小的区域划定为圆 2 和圆 3，如图 4-5 所示，分别提取三个区域的 CT 数及方差数据，如表 4-1 所示，分析岩石在钢粒磨料射流冲击作用下的岩石破裂损伤情况。

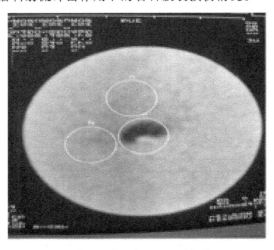

图 4-5　受影响破裂区域划分

表 4-1  岩石扫描区域的 CT 数及 CT 方差

| 扫描层 | 应变/‰ | 圆 1 | | 圆 2 | | 圆 3 | |
|---|---|---|---|---|---|---|---|
| | | CT 数 | 方差 | CT 数 | 方差 | CT 数 | 方差 |
| 上层 | 3 | 1285 | 160 | 1400 | 28 | 1405 | 23 |
| | 5 | 1282 | 168 | 1401 | 29 | 1406 | 22 |
| | 7 | 1280 | 169 | 1401 | 29 | 1410 | 22 |
| | 9 | 1275 | 170 | 1400 | 30 | 1409 | 26 |
| | 11 | 1265 | 171 | 1400 | 32 | 1410 | 24 |
| | 14 | 1200 | 155 | 1336 | 98 | 1395 | 39 |
| 下层 | 3 | 1230 | 162 | 1388 | 44 | 1377 | 28 |
| | 5 | 1240 | 160 | 1395 | 42 | 1383 | 27 |
| | 7 | 1251 | 155 | 1397 | 44 | 1388 | 28 |
| | 9 | 1260 | 148 | 1405 | 38 | 1396 | 27 |
| | 11 | 1275 | 140 | 1410 | 37 | 1402 | 27 |
| | 14 | 1210 | 138 | 1354 | 112 | 1406 | 28 |

将提取的数据作成曲线图,如图 4-6、图 4-7 所示。

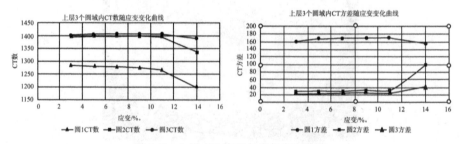

图 4-6  上层 CT 数和方差与应变曲线

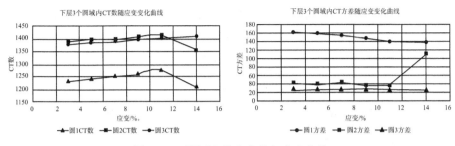

图 4-7 下层 CT 数和方差与应变曲线

图 4-6 可以看出，上扫描层中，远离破裂影响区的圆 2 和圆 3 内的 CT 数明显高于破裂影响区域圆 1 的 CT 数，最大相差 210，圆 1 内 CT 数逐渐下降，圆 2 和圆 3CT 数变化较小，略有下降；圆 1 的方差比圆 2 和圆 3 都高，最大相差近 150，圆 2 和圆 3 方差升高。图 4-7 可以看到下扫描层中的圆 1、圆 2 和圆 3 的 CT 数和方差的变化规律与上扫描层基本一致，CT 数最大相差 200，方差最大相差近 140。但是总体 CT 数的值比上扫描层略低，原因可能是荷载在自上向下传导过程中逐渐衰减，导致下层破裂损伤程度低于上层。

试验表明，圆 1 内的岩石在受到钢粒子磨料射流冲击作用后，损伤扩展明显，岩石破裂区最终会扩散波及圆 2 和圆 3 周边，但仍以圆 1 内的损伤扩展为主，裂纹沿自由面方向扩展、张开和贯通，逐步交割岩石成小碎块，促使碎块脱离基体，形成倒"V"字形冲蚀坑，并向周边及深部延伸。

通过以上分析，可以看出岩石破裂损伤演变过程：破碎坑周边裂纹区域存在大量微空洞或微裂纹等损伤，且表现出不均匀性，通常靠近破碎坑上层裂纹区域损伤较大，其次是下层裂纹区域损伤较重，而远离破碎坑裂纹区域的损伤较小。同时，在钢粒子磨料射流冲击作用下损伤沿破碎坑周边扩展、延伸，最后会在破碎坑下层出现贯通，导致岩石局部崩裂破碎，微粒脱离基体，裸露出新的岩石接触面。

## 4.1.2 粒子冲击岩石破裂机制

通过前面章节理论分析、数值模拟和试验研究，总结出粒子冲击岩石破裂机制。

粒子冲击岩石破裂的宏观表象为冲击区内剪切裂纹的扩展贯通、岩块崩裂和脱痂而导致冲击坑向侧壁和深部不断扩容的过程。粒子冲击到岩石表面中心区域后,在接触区边界会产生拉、剪应力,并在侵彻作用下将形成初始破碎坑,破碎坑可以看作是岩石初始损伤,在其周边表面及内部分布有无数排列无序、形态各异的裂纹(图 4-8),随着钢粒子磨料射流持续冲击,在动载荷、楔入和侵彻的共同作用下,压—剪应力导致裂纹面附近的自相似扩展,拉剪应力导致裂纹尖端的翼裂纹扩展,裂纹张开度增加,并沿自由面方向扩展、贯通,逐步切割岩石成小碎块,促使碎块崩裂脱离基体,形成倒"V"形剪切破碎坑,不断向深部和侧壁扩容,如图 4-9 所示。

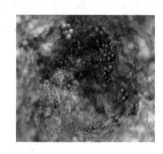

图 4-8　粒子冲击岩石破裂示意图

### 4.1.3　粒子冲击钻井钻头设计原理

在得到粒子冲击岩石破裂的微观机制后,再结合钻头切削理论,可以得到粒子冲击钻井钻头设计的思想:

首先,钻头设计应满足粒子从喷嘴喷出冲击岩石表面的数量、速度和冲击频率足够高,以产生出大量破碎坑,持续冲击后裂岩石损伤累积,大量初始裂纹快速扩展、贯通,并局部崩裂掉块,发生剪切破碎,形成初始损伤破裂区域,岩石强度迅速降低。

然后,再以机械齿的切削联合破碎井底岩石为主。众多微小破碎坑造成岩石的初始损伤,每两个相邻破碎坑之间的岩块可以看作是解除了三轴应力状态条件的柱状岩脊,如图 4-9 所示,在钻头钻压和切削作用下,岩脊相当于单轴压缩或剪切受力情况,更容易被破碎,破岩效率大幅提高。

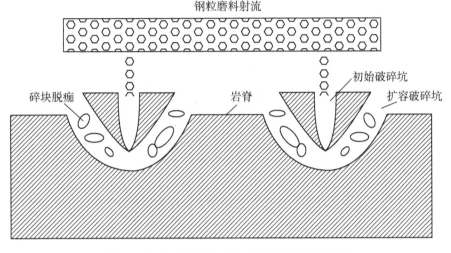

图 4-9　钢粒磨料射流冲击岩石岩脊形成示意图

因此,粒子冲击钻井技术是机械破岩为主、钢粒子磨料射流辅助冲击破岩,可以预见,对提高机械钻速效果明显。

## 4.2　钢粒子磨料射流冲击破岩参数优选的试验研究

通过粒子冲击破岩室内试验,从宏观破岩效果的角度,研究钢粒子磨料射流参数变化对破岩效果的影响规律,以便探究最优破岩参数,为钻头设计提供依据。

### 4.2.1　试验设计与准备

本试验在中国石油大学(华东)高压水射流试验室进行,高压泵最高压力 150 MPa,最大排量 60 L/min,满足本次室内试验要求。试验开始时,启动高压泵,高压泵从水箱中将水吸入,泵出高压流体,当高压流体经粒子注入装置时,实现粒子与液体混合后经喷嘴喷出冲击岩石。岩石选用脆性较硬的灰岩和花岗岩。试验过程中,改变喷射角度、泵压、冲击时间、喷距、喷嘴直径、粒子浓度等参数,研究粒子冲击最优破岩参数,如图 4-10 所示。

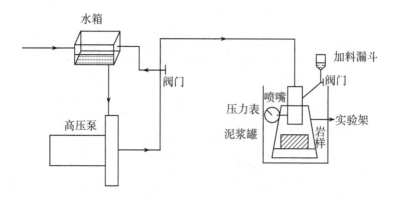

图 4-10　钢粒子磨料射流破岩试验设计

为降低测量误差和保证测量精度,钢粒子磨料射流破岩试验数据重复测量 3 次后取平均值。试验根据测量破碎坑深度和体积为依据,判断钢粒子磨料射流破碎岩石的效果。

试验过程中,粒子冲击岩石部分试件试验结果示意图如图 4-11 所示。

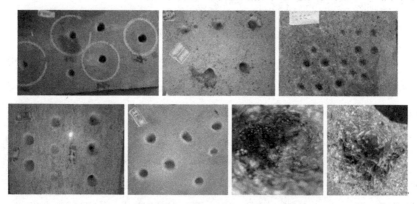

图 4-11　粒子冲击部分岩石试件示意图

下面对钢粒子磨料射流冲击破岩试验结果做具体分析,探究钢粒子磨料射流参数对破岩效果的影响规律。

### 4.2.2　不同射流压力对岩石破碎的影响

在淹没条件下,保持喷距 20 mm、粒子喷嘴直径 6 mm、粒子浓度 1%、冲击时间 80 s 不变,改变压力 6 MPa、8 MPa、10 MPa、12 MPa、14 MPa、18 MPa,得到破岩试验数据如表 4-2、图 4-12 所示。

表 4-2　试验数据统计

| 压力/MPa | 6 | 8 | 10 | 12 | 14 | 18 |
|---|---|---|---|---|---|---|
| 冲蚀深度/mm | 12.5 | 15.8 | 21.6 | 23.4 | 26.2 | 34.4 |
| 冲蚀体积/ml | 0.70 | 1.16 | 1.48 | 1.74 | 2.32 | 3.26 |

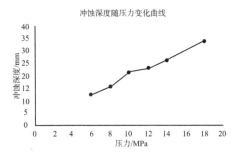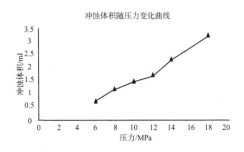

图 4-12　压力与冲蚀深度和体积的关系（$t=80$ s,$h=20$ mm,$d=6$ mm,$n=1\%$）

由图 4-12 中可以看出，钢粒子磨料射流侵入岩石的深度和体积随压力加大而呈变大的趋势。当泵压升高时，钢粒子磨料射流的速度增大，从而使钢粒子磨料射流的动能增大，钢粒子磨料射流在冲击岩石冲击力增大，所以钢粒子磨料射流对岩石的侵入深度和破碎体积增大。由于试验条件限制，压力不能一直增大，但在实际的粒子冲击钻井技术中，钢粒子磨料射流压力应在可控范围内尽量大，从而提高破岩效果。

### 4.2.3　不同粒子浓度对岩石破碎的影响

在淹没条件下，保持压力 8 MPa，喷距为 20 mm，粒子喷嘴直径为 6 mm，冲击时间 80 s 不变，改变粒子浓度 0.5%、1%、2%、3%、4%、5%，得到破岩试验数据如表 4-3、图 4-13 所示。

表 4-3　试验数据统计

| 浓度/% | 0.5 | 1 | 2 | 3 | 4 | 5 |
|---|---|---|---|---|---|---|
| 冲蚀深度/mm | 10.8 | 14.2 | 19.4 | 20.8 | 20.2 | 16.4 |
| 冲蚀体积/ml | 0.54 | 0.76 | 1.14 | 1.48 | 1.44 | 1.32 |

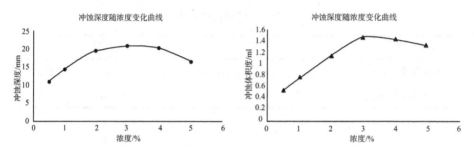

图 4-13　浓度与冲蚀深度和体积的关系（$t = 80$ s，$h = 20$ mm，$d = 6$ mm，$P = 8$ MPa）

从图 4-13 中可以看出,钢粒子磨料射流侵入岩石的深度和体积随着粒子浓度的增大呈现先增大后减小趋势,在粒子浓度为 2％～4％之间时,粒子侵入岩石深度和破碎体积较大。

当粒子浓度过小时,水力能量并未得到完全利用;当粒子浓度过大时,流体对粒子的携带和加速过程中消耗的能量高,加速效果得不到保证,并且在粒子冲击岩石过程中发生相互干扰,碰撞消耗动能,降低加速效果。而且粒子浓度变大后对钻头喷嘴等的磨损加剧,降低使用寿命。综合考虑以上因素,在粒子冲击钻井现场中,建议粒子浓度选用 2～4％为宜。

### 4.2.4　不同冲击时间对岩石破碎的影响

在淹没条件下,保持压力 8 MPa,喷距为 20 mm,粒子浓度选为 1％,粒子喷嘴直径为 6 mm 不变,改变冲击时间 10 s、20 s、40 s、60 s、80 s、100 s,得到破岩试验数据如表 4-4、图 4-14 所示。

表 4-4　试验数据统计

| 时间/s | 10 | 20 | 40 | 60 | 80 | 100 |
| --- | --- | --- | --- | --- | --- | --- |
| 冲蚀深度/mm | 6.8 | 10.8 | 14.4 | 15.2 | 17.6 | 20.4 |
| 冲蚀体积/ml | 0.24 | 0.36 | 0.64 | 1.12 | 1.28 | 1.42 |

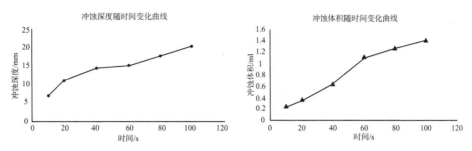

图 4-14　冲击时间与冲蚀深度和体积的关系（$n=1\%$，$h=20$ mm，$d=6$ mm，$P=8$ MPa）

从图 4-14 中可以看出，钢粒子磨料射流侵入深度和破岩体积随冲击时间而变大。但冲击时间越长反而不利于提高破岩的效率，原因是冲击时间变成会使岩石破碎坑变深，一方面导致靶距变长，另一方面会导致堆积在冲击坑内的粒子过多而不易被携带上返，容易造成重复破碎，影响后续破岩，从而使破岩效率下降。

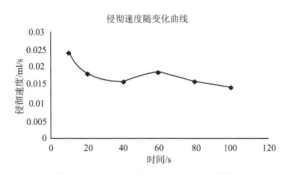

图 4-15　冲击时间与破岩速度的关系

如图 4-15 所示钢粒子磨料射流侵彻岩石的速度曲线，侵彻速度随着冲击时间虽有起伏，但整体呈逐渐降低趋势，表明岩石侵彻破碎速度下降，破碎岩石效率下降。因此，在实际粒子冲击钻井中，在保证冲击能量前提下，粒子冲击岩石时间不宜太长，否则会降低钢粒子磨料射流破岩的效率。

在粒子冲击钻井现场中，钻头的转速是控制钢粒子磨料射流对岩石的冲击时间的主要参数。当钻头转速越高时，钢粒子磨料射流会旋转扫过岩石的速度越快，降低了冲击时间，破岩的速度和破碎效率提高，能量利用率高，但对钻头和管线的磨损也高；反之，如果钻头的转速越慢，钢粒子磨料射流对单位体积岩石的冲击时间就会越长,破岩效率就会随之降低,使得能量利用率降低。因此,转速应控制在合理范围内,过大会造成钻头磨损加剧等问题,过小会造成粒子冲击破岩效率降低。

### 4.2.5 不同喷距对岩石破碎的影响

淹没条件下,保持压力 8 MPa,喷嘴直径为 6 mm,粒子浓度为 1%,冲击时间 $t=80$ s,改变喷距 5 mm、10 mm、15 mm、20 mm、25 mm、30 mm、40 mm、60 mm,得到破岩试验数据如表 4-5、图 4-16 所示。

表 4-5 试验数据统计

| 喷距/mm | 5 | 10 | 15 | 20 | 25 | 30 | 40 | 60 |
|---|---|---|---|---|---|---|---|---|
| 冲蚀深度/mm | 10.6 | 12.2 | 13.4 | 15.8 | 14.6 | 11.8 | 10.2 | 7.4 |
| 冲蚀体积/ml | 0.48 | 0.62 | 0.82 | 1.06 | 0.94 | 0.78 | 0.64 | 0.50 |

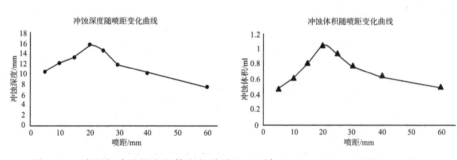

图 4-16 喷距与冲蚀深度和体积的关系($n=1\%$,$d=6$ mm,$P=8$ MPa,$t=80$ s)

如图 4-16 所示,冲蚀深度和体积随着喷距的增加呈现先上升后下降的趋势,在喷距 20 mm 左右时达到最大。当喷距超过 30 mm 后,钢粒子磨料射流冲蚀深度和体积逐渐呈下降趋势。因此,钢粒磨料射流破岩的最优喷距在 20 mm 左右,能够保证在等速核内有效加速,破岩效率较高。

### 4.2.6 不同喷嘴直径对岩石破碎的影响

在淹没条件下,保持压力 6 MPa,粒子浓度 1%,喷距为 20 mm,冲击时间 $t=80$ s 不变,改变钢粒子磨料射流喷嘴直径 6 mm、8 mm、10 mm、12 mm、14 mm、16 mm,得到破岩试验数据如表 4-6、图 4-17 所示。

表 4-6　试验数据统计

| 喷嘴直径/mm | 6 | 8 | 10 | 12 | 14 | 16 |
|---|---|---|---|---|---|---|
| 冲蚀深度/mm | 13.6 | 17.6 | 16.4 | 15.8 | 14.2 | 13.8 |
| 冲蚀体积/ml | 0.74 | 1.62 | 2.02 | 2.24 | 1.82 | 1.78 |

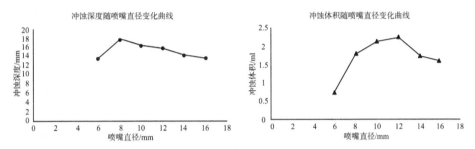

图 4-17　喷嘴直径与冲蚀深度和体积的关系$(n=1\%, h=20\text{ mm}, P=6\text{ MPa}, t=80\text{ s})$

如图 4-17 所示,冲蚀深度和破碎体积随粒子喷嘴直径的增大呈现先增后减趋势,总体上在 8~12 mm 时达到最大,破岩效率较高。如果粒子喷嘴直径过小,不仅使粒子在喷嘴处对喷嘴内壁的磨损严重,喷出时也可能造成堵塞或粒子间干涉而影响冲击能量;反之,若粒子喷嘴直径过大,可降低喷嘴磨损,但是会降低加速效果,不利于破碎岩石。

### 4.2.7　不同喷射角度对岩石破碎的影响

在淹没条件下,保持粒子浓度 1%,压力 8 MPa、喷距为 20 mm,冲击时间 80 s,喷嘴直径 6 mm 不变,改变喷射角度 6°、8°、10°、12°、14°、16°、18°、20°,得到破岩试验数据如表 4-7、图 4-18 所示。

表 4-7　试验数据统计

| 喷射角度/° | 6 | 8 | 10 | 12 | 14 | 16 | 18 | 20 |
|---|---|---|---|---|---|---|---|---|
| 冲蚀深度/mm | 10.2 | 14.8 | 16.2 | 17.8 | 14.2 | 13.8 | 12.6 | 9.8 |
| 冲蚀体积/ml | 0.38 | 0.64 | 1.08 | 1.46 | 1.34 | 1.18 | 0.72 | 0.32 |

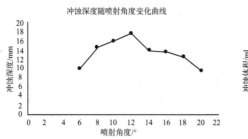
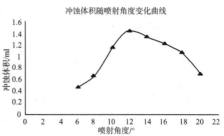

图 4-18　喷射角度与冲蚀深度和体积的关系

$(n=1\%, h=20\ \text{mm}, P=8\ \text{MPa}, t=80\ \text{s}, d=6\ \text{mm})$

如图 4-18 所示,粒子冲击侵入岩石的深度随喷射角度的先略有增加,随后减小趋势。喷射角度太大会造成入射速度的法向分量太大,影响粒子破碎岩石的效率;角度太小(或零角度),容易造成粒子冲击岩石后反弹粒子与后续粒子的干涉,降低粒子冲击破岩次数及粒子冲击破岩能量利用率,也不利于粒子的冲击破碎岩石。因此,在现场实际施工中,综合考虑以上两方面以及喷嘴加工的因素,喷射角度以 10°～15°为宜。

### 4.2.8　钢粒子磨料射流与水射流破岩效果对比试验

为研究水射流在试验过程中对钢粒磨料射流破岩的影响,开展了相同条件下的水射流与钢粒子磨料射流破岩对比试验。

首先,在淹没条件下,保持喷距 20 mm、喷嘴直径 6 mm、粒子浓度 1%、冲击时间 80 s 不变,改变压力 6 MPa、8 MPa、10 MPa、12 MPa、14 MPa、18 MPa,进行钢粒子磨料射流破岩试验。

然后,不注入粒子(粒子浓度 0%),保持喷嘴直径 6 mm、冲击时间 80 s 不变,改变压力 6 MPa、8 MPa、10 MPa、12 MPa、14 MPa、18 MPa,进行水射流破岩试验。试验对比结果如表 4-8、图 4-19 所示。

表 4-8　试验数据对比统计

| | 压力/MPa | 6 | 8 | 10 | 12 | 14 | 18 |
|---|---|---|---|---|---|---|---|
| 钢粒磨料射流 | 冲蚀体积/ml | 0.70 | 1.16 | 1.48 | 1.74 | 2.32 | 3.26 |
| 水射流 | 冲蚀体积/ml | 0 | 0 | 0 | 0.38 | 0.52 | 0.78 |

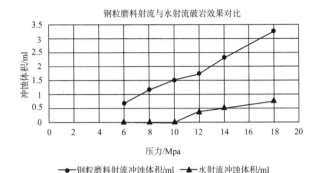

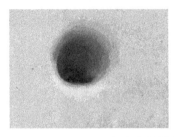 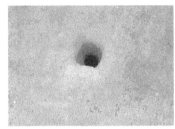

图 4-19 钢粒磨料射流与水射流破岩效果对比

试验数据和结果表明,钢粒子磨料射流冲蚀岩石的体积约为水射流的 3～4倍,破岩效果显著;钢粒磨料射流在 6 MPa 时即可破碎岩石,而水射流压力要达到 10 MP 以上才可以破碎岩石,所以钢粒子磨料射流相比于水射流能量利用率较高。因此,钢粒子磨料射流破碎岩石时,水射流起到一定的辅助作用,但对破岩效果起关键作用的还是钢粒子磨料。

### 4.2.9 钢粒子磨料射流破岩试验结论

通过在淹没条件不同射流参数下钢粒子磨料射流破碎岩石的室内试验,分析钢粒子磨料射流冲击岩石破裂的规律,主要结论如下:

(1) 钢粒子磨料射流侵入岩石的深度和体积随压力加大而呈变大的趋势。由于试验条件限制,压力不能一直增大,但在实际的粒子冲击钻井技术中,钢粒子磨料射流压力应在可控范围内尽量大,从而提高破岩效果。

(2) 钢粒子磨料射流侵入岩石的深度和体积随着粒子浓度的增大呈现先增大后减小趋势,在粒子浓度为 2%～4% 之间时,粒子侵入岩石深度和破碎体积较大。

（3）钢粒子磨料射流侵入深度和破岩体积随冲击时间而变大。但冲击时间越长反而不利于提高破岩的效率，保证冲击能量前提下，合理控制钻头的转速有利于提高钢粒子磨料射流破岩效率。

（4）相同条件下，钢粒子磨料射流破岩效果随喷距的增加呈呈先升后降趋势，喷距为 20 mm 左右时，破岩效果最好。

（5）相同条件下，钢粒子磨料射流破岩深度和破岩体积随喷嘴直径变大呈先升后降趋势，在粒子喷嘴为 8～12 mm 时，钢粒子磨料射流破岩效果最好。

（6）粒子冲击侵入岩石的深度随喷射角度的先略有增加，随后减小趋势，综合考虑冲击能量利用率和粒子间干涉两方面以及喷嘴加工的因素，喷射角度 10°～15°为宜。

（7）钢粒子磨料射流冲蚀岩石的体积约为水射流的 3～4 倍，破岩效果显著。

## 4.3 粒子冲击钻井钻头水力参数与结构优化设计

根据以上确定的钢粒子磨料射流最优破岩参数组合，对牙轮钻头和 PDC 钻头水力参数和喷嘴结构优化设计，保证粒子钻井专用钻头的粒子加速和破岩效果。

### 4.3.1 牙轮钻头水力优化设计

#### 4.3.1.1 喷嘴水力参数设计[38]

考虑到粒子在进入钻头之前已随钻井液在钻杆内混合运动了几千米距离，所以粒子速度与钻井液流速接近，因而假设粒子在进入钻头后的瞬时速度与钻井液相同。以四川地区须家河组坚硬、强研磨性地层钻井参数为设计依据，具体如表 4-9 所示。

表 4-9　钻井现场参数

| 井眼尺寸 | 井深/m | 排量/L/s | 泵压/MPa | 泥浆密度/g/cm³ | 黏度/mPa·s | 循环压降/ MPa |
|---|---|---|---|---|---|---|
| 8-1/2" | 1700～3000 | 25～30 | 20～25 | 1.27～1.67 | 40 | 7～13 |

根据研究结果，粒子钻井中粒子喷射速度应达到 $100～125$ m/s 才可以有效破碎井底岩石，而粒子喷出后最大速度约为钻井液喷速的 $80\%～90\%$，所以要求的钻井液从在喷嘴出口的喷射速度在 $110～140$ m/s 之间。由下式知：

$$v = \frac{10Q}{A_0} \tag{4—4}$$

$$\Delta p_b = \frac{0.05\rho_d Q^2}{C^2 A_0^2} \tag{4—5}$$

$$A_0 = \frac{\pi}{4} d_{ne}^2 \tag{4—6}$$

式(4—4)~(4—6)中：$\Delta p_b$——钻头压降，MPa；$v$——钻井液喷射速度，m/s；$\rho_d$——钻井液密度，g/cm$^3$；$C$——喷嘴流量系数，取 0.95；$Q$——排量，L/s；$A_0$——出口截面积，mm$^2$；$d_{ne}$——当量直径，mm。

计算可得钻头压降范围：$\Delta p_b = 9.4 \sim 15.2$ MPa 之间。当排量为 28 L/s 时，计算钻头压降为 12.5 MPa，喷嘴当量直径：$d_{ne} = 17$ mm。

一般情况下，对于硬度不高的地层可采用三个直径成级差的喷嘴组合方式，而对硬度高的地层，不等径的双喷嘴组合井底清洗效果好，但磨料浓度大时容易堵塞，因此，综合考虑粒子冲击钻井适钻地层为极硬、强研磨性，以及钢粒子磨料射流的浓度和粒径，设计采用等径的双喷嘴组合，即：$d = d_1 = d_2 = 12$ mm。

### 4.3.1.2 喷嘴流道结构设计

由于粒子钻井需要保证粒子足够的加速效果才能高效破碎井底岩石，而且钢粒子的冲蚀磨损喷嘴较严重，综合考虑以上因素，设计采用锥直型结构喷嘴，即圆锥带圆柱结构，需要设计确定的关键参数包括圆柱加速段的直径和长度、圆锥段的半径和长度等。

内流道某处的速度可以用它所在面的平均速度近似表示，圆锥段速度可用下式表示：

$$u = \frac{R^2}{(R - x\tan\theta)} u_0 \tag{4—7}$$

式(4—7)中：$u$——圆锥内射流速度，m/s；$u_0$——圆锥入口泥浆速度，m/s；$\theta$——圆锥半角，°；$R$——圆锥入口半径，mm。

在稀疏的固-液两相流中，喷嘴圆锥段内粒子的运动方程为

$$u_s \frac{\mathrm{d}u_s}{\mathrm{d}x} = \frac{a}{u_s}(u - u_s)^2 + bu \frac{\mathrm{d}u}{\mathrm{d}x} \tag{4—8}$$

式(4—8)中：$a$、$b$——系数，$a=\dfrac{3C_D\rho_w}{2d_s(2\rho_s+\rho_w)}=0.049$，$b=\dfrac{3\rho_w}{2\rho_s+\rho_w}=0.22$；

$u_s$——圆锥段内粒子速度，m/s；$d_s$——粒子的直径，取 1 mm；$\rho_s$——粒子密度，钢粒7.8 g/cm³；$\rho_w$——钻井液密度，g/cm³；$C_D$——摩擦阻力系数。

将喷嘴收缩段入口处的流量 $Q=\pi R^2 u_0$ 及式(4—7)，代入式(4—8)可得喷嘴圆锥段内粒子运动方程：

$$\frac{du_s}{dx}=\left\{\frac{a}{u_s}\left[\frac{Q}{\pi}\left(\frac{1}{\tan\theta(L_1-x)+d/2}\right)^2-u_s\right]^2\right\}^2+\frac{b}{u_s}\frac{2Q^2\tan\theta}{\pi^2}\left(\frac{1}{\tan\theta(L_1-x)+d/2}\right)^5$$

$$(4—9)$$

式(4—9)中：$d$——喷嘴出口直径，为 12 mm；$L_1$——圆锥段长度，mm。

圆柱段流量：

$$Q=\varphi\frac{\pi}{4}d^2 u_2 \tag{4—10}$$

式(4—10)中：$\varphi$——流量系数，取 0.95；$u_2$——射流出口速度，取 130 m/s。

代入公式(4—10)计算可得：$Q=15$ L/s。

但在实际喷嘴结构设计中，考虑到圆锥收缩段的能量耗损以及喷嘴安装到钻头上的空间限制因素，圆锥段喷嘴收缩角半角设计为 10°，入口直径设计为 25 mm，即：$\theta=10°$，$R=12.5$ mm。

圆锥段长度、圆锥半角和入口直径有如下关系式：

$$R=L_1\tan\theta+d/2 \tag{4—11}$$

计算可得圆锥段长度：$L_1=37$ mm。

假设圆柱段内流体是均匀流动，粒子的运动方程可简化为

$$u_s\frac{du_s}{dx}=a(u-u_s)^2 \tag{4—12}$$

对上式(4—12)积分，可得粒子在圆柱段加速的最短距离，即圆柱段长度为

$$L_2=\frac{1}{a}\left[S\left(\frac{u_s}{u_2}\right)-S\left(\frac{u_{s0}}{u_2}\right)\right] \tag{4—13}$$

其中：$L_2$——圆柱段长度，mm；$S(\eta)=\dfrac{1}{a}\left[\ln(1-\eta)+\dfrac{\eta}{1-\eta}\right]$。

根据粒子钻井技术要求,粒子速度达到钻井液的 80% 已经能满足破岩要求,即:$u_s = 0.8u_2$,代入(4-13)式计算得喷嘴圆柱段长度:$L_2 = 60$ mm。

喷嘴最终设计参数如表 4-10 所示。

表 4-10  喷嘴结构设计参数

| 入口直径/mm | 出口直径/mm | 圆锥半角/° | 圆锥段长度/mm | 圆柱段长度/mm | 圆锥段壁厚/mm | 圆柱段壁厚/mm |
|---|---|---|---|---|---|---|
| 25 | 12 | 10 | 37 | 60 | 3 | 2 |

最终喷嘴结构及内流道设计如图 4-20 所示:

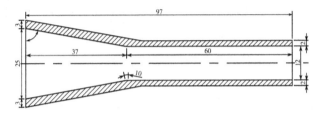

图 4-20  牙轮钻头喷嘴结构

### 4.3.1.3  喷嘴流场数值模拟

数值模拟粒子直径 1 mm、粒子浓度 2%、钻井液密度 1.4 g/cm³、钻井液黏度 40 mPa·s,以及淹没自由射流不同流量 25 L/s、28 L/s、30 L/s 条件下的粒子加速状态和粒子与钻井液速度分布,分析粒子射流喷嘴对粒子的加速效果,模拟结果如图 4-21、图 4-22。

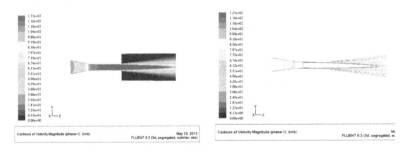

图 4-21  钻井液速度分布与等值线,$Q = 28$ L/s

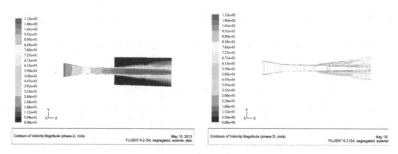

图 4-22　粒子速度分布与等值线,$Q=28$ L/s

图 4-21 可知,钻井液在喷嘴锥形段和圆柱段前端速度迅速提高,进入圆柱段一段距离后,速度达到最大值约 120 m/s,等速核长度距出口 60 mm 左右。图 4-22 可知,粒子在进入喷嘴后一直在加速,在喷嘴出口处速度约为 100 m/s,在距出口 80 mm 处为粒子等速核长度,此时的速度最大达112 m/s 左右,分别为钻井液速度的 82% 和 92% 左右,粒子加速效果较好。

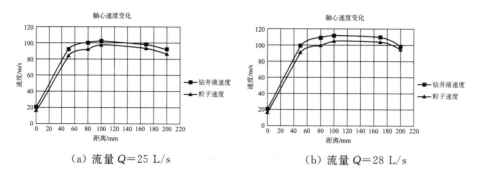

（a）流量 $Q=25$ L/s　　　　　　（b）流量 $Q=28$ L/s

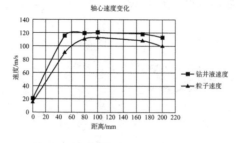

（c）流量 $Q=30$ L/s

图 4-23　钻井液与粒子速度变化关系

如图 4-23 所示的不同流量下钻井液与粒子的速度变化曲线可以看出：

（1）锥直型喷嘴能保证钢粒子磨料射流的加速效果，尤其是在圆柱加速段的加速表现可以满足粒子钻井对速度的要求；喷嘴对泥浆和粒子的加速效果不同，但速度增大趋势的曲线变化基本一致，粒子全程速度能达到泥浆速度的 80% 以上，最终速度达到 91%。

（2）喷嘴对泥浆和粒子的加速距离分别约为 170 mm 和 180 mm，随后二者速度均开始下降，超出等速核。

（3）排量越大，粒子最终的速度越大，但粒子加速过程中与钻井液加速的趋势是相同的，与排量无关，只与喷嘴结构有关。

因此，喷嘴结构设计合理，可以保证粒子加速和高效破碎岩石。

### 4.3.2　PDC 钻头水力优化设计

#### 4.3.2.1　喷嘴设计

钻头压降和喷嘴直径计算公式知：

$$v = \frac{10Q}{A_0}$$

$$\Delta p_b = \frac{0.05\rho_d Q^2}{C^2 A_0^2}$$

$$A_0 = \frac{\pi}{4} d_{ne}^2 \tag{4—14}$$

喷嘴当量直径计算公式：

$$d_{ne} = \sqrt{\sum_{i=1}^{z} d_i^2} \tag{4—15}$$

根据 4.3.1 节喷嘴结构设计理论，计算出的钻头压降为 12.5 MPa，喷嘴当量直径 17 mm，考虑到为保证粒子加速效果，PDC 钻头喷嘴的结构同样选择锥直型结构，喷嘴个数设计为 5～6 个，计算可知出口直径设计为 8 mm。PDC 钻头喷嘴结构优化设计如图 4-24 所示。

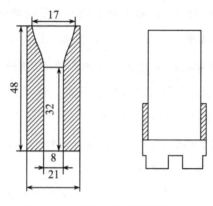

图 4-24　PDC 钻头喷嘴结构

#### 4.3.2.2　喷嘴流道结构设计

粒子直径 1 mm、粒子浓度 2%、钻井液密度 1.4 g/cm³、钻井液黏度 40 mPa·s、喷距 20 mm、初始速度 100 m/s 淹没自由射流条件下,应用 mixture 模型,模拟的粒子加速状态和粒子与钻井液速度分布,分析粒子射流喷嘴对粒子的加速效果,模拟结果如图 4-25、图 4-26 所示。

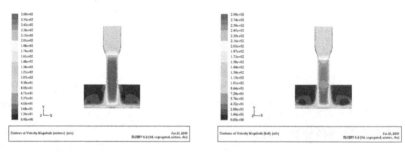

（a）钢粒磨料射流混合速度分布　　　（b）粒子速度分布

图 4-25　喷嘴内流速分布

图 4-25(a)可以看出,PDC 喷嘴内磨料混合速度的最大加速到 250 m/s 以上,中心轴的速度较高,并随着距喷嘴出口距离的增加而逐渐降低,即存在使磨料射流加速的等速核,加速效果较好;钢粒磨料射流喷出冲击到井底后,迅速发生扩散,形成井底漫流。图 4-25(b)可以看出,钢粒的加速趋势基本与磨料射流一致,跟随性较好,粒子在加速过程中可以明显见到等速核现象。

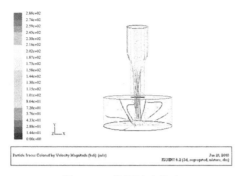

图 4-26　粒子运动轨迹

图 4-26 可以看出,粒子在喷嘴内经加速后可以顺利通过喷嘴出口冲击井底,没有出现严重的喷嘴内轨迹杂乱或堵塞,可以清晰地看到粒子的加速运动轨迹,在冲击井底表面后反弹,有利于钻井液及时清洗和携带上返。

数值模拟结果表明,PDC 喷嘴能够实现粒子加速,保证粒子冲击破岩的效果。

## 4.4　本章小结

本章通过对粒子冲击岩石破裂机制与钻头水力参数优化设计的研究,主要结论如下:

(1)通过岩石微观裂纹 CT 扫描试验,得到了岩石破裂损伤规律,进而得到粒子冲击钻井岩石破裂机制。在此基础上,提出了粒子钻井钻头优化设计思路。

(2)通过在淹没条件下钢粒子磨料射流破碎岩石的室内试验,得到了最优破岩参数,为粒子钻井钻头设计提供参数依据。综合考虑能量利用率和冲蚀磨损、加工制造等因素,在粒子冲击钻井现场中,建议粒子浓度选用 2%~4%、喷距为 20 mm 左右、喷嘴直径为 8~12 mm、喷射角度以 10°~15° 为宜,并且在允许范围内提高泵压以便提高钻头压降,有利于钢粒子磨料射流冲击破岩。

(3)分别对牙轮钻头和 PDC 钻头水力参数和喷嘴结构进行了优化设计,以保证满足粒子冲击钻井钻头的粒子加速和破岩效果。

# 5  粒子冲击钻井系统研制与试验研究

粒子冲击钻井系统(Particle Impact Drilling,简称 PID)是由粒子注入系统、粒子回收系统和粒子钻头三部分组成。

（1）粒子注入系统。

粒子注入系统主要由粒子高压存储装置和粒子高压输送装置两大关键部分组成,其功能是实现粒子均匀、稳定、可控地注入高压钻井液中。粒子冲击钻井注入系统通过转换单元连接到立管和泥浆泵之间的高压管线上,实现与井队现场的连接。

（2）粒子回收系统。

粒子回收系统是回收井底返回的粒子,实现粒子循环使用的一套常压工作装置。其主要由磁选机、脱磁机、渣浆泵、振动筛、粒子旋转储罐等组成。回收系统工作流程是将钻井现场振动筛处理后的含有粒子的岩屑经渣浆泵输送到磁选机上,磁选机将钢质粒子选出,经脱磁器消磁处理后输送至粒子旋转储罐存储,磁选机分离出的岩屑与泥浆经振动筛分离处理。同时,粒子旋转储罐也可实现为注入系统上料的功能。

（3）PID 钻头。

PID 钻头是专为适应 PID 技术特殊条件而设计的钻头。PID 钻头主要由钻头体、切屑齿、钻头侧翼、保径齿及喷嘴等构成。一定体积浓度的粒子在喷嘴中完成加速,形成粒子射流,主要利用粒子获得的较大动能高频破碎岩石。为使冲击岩石后的粒子及岩屑能够顺利进入环空,PID 钻头上特意设置有两个较大的排屑槽。同时为了尽量降低粒子对内腔室的冲蚀磨损,要对钻头内腔室的材料和形状进行优化设计。

粒子冲击钻井钻头(Particle Impact Drilling Bit,简称 PID 钻头)是粒子

钻井的关键部分,直接关系着能否高效破岩和提高钻速,其主要作用一方面是实现粒子加速使粒子能够高速、高频连续冲击地层岩石;另一方面是在保证钻头较低冲蚀磨损率下,实现机械联合钻进。

目前,国外的粒子钻井钻头仅靠钢粒子磨料射流即可达到破岩比重80%以上,机械切削齿破岩比重较低,切削齿主要起井底造型、修缮井壁的辅助作用,实现真正意义上的"轻压吊打"。国外这种粒子破岩方式优点是粒子能量大、钻速快,但这对各项设备(例如钻井泵、管线、防喷器等)和泥浆性能(悬浮能力、携带能力等)要求非常高,国内的钻井现场设备条件较难大范围满足国外的粒子钻头破岩方式。而且,国外钻头只有两或三个侧翼接触井底,在软硬交错或有冲击振动的地层钻进时稳定性较差。

因此,应立足国内现有技术设备条件,转变钻头研究思路,以粒子冲击联合机械破岩为出发点,即从机械破岩为主、粒子冲击破岩为辅的角度出发,依据前面章节研究得出的粒子冲击岩石破裂规律和机制,通过优化设计钻头技术参数,使粒子冲击破岩效率最高,保证粒子冲击钻井在国内现有条件的推广实施。本章主要初步探索牙轮和 PDC 两种形式粒子冲击钻井用钻头的设计和加工。

## 5.1 粒子冲击钻井注入系统

旋叶式高压钢粒输送机功能是均匀稳定可控地将钢粒注入到高压钻井液中,从而实现粒子高频冲蚀岩石,提高破岩效果。其主要结构包括机筒、叶轮和端部结构三部分。

### 5.1.1 整体结构设计

旋叶式输送机采用叶轮旋转刮进的方式输送混杂在高压钻井液中的钢制粒子。电机或液压马达通过传动装置带动叶轮转动,同时钢粒在自重条件下从上部高压储罐落入叶轮料槽,钢粒随着叶轮的稳定转动会均匀落入各个叶槽,当转至出料口时钢粒在自重条件下排出,实现均匀输送粒子。粒子输送量可控调节则通过改变电机或马达转速来实现。

由于旋叶式输送机是粒子钻井注入系统的一部分,处于高压环境中作业,故采用两端对称闭合形式的端部结构。考虑钻井现场装置检修拆装的便捷性及零配件的互换性,端部结构包括了密封结构、轴承支承结构及循环冷却结构,且输送机进出口与粒子注入系统其他装置选用由壬方式连接。

旋叶式输送机整体结构如图 5-1 所示。

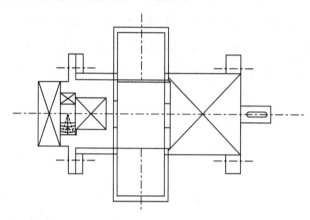

图 5-1　旋叶式输送机整体结构

### 5.1.2　机筒设计

机筒是旋叶式输送机的主要执行部件,为粒子的输送提供了高压密闭环境。筒体的结构形式、机械制造工艺等因素不仅会影响粒子输送的可靠性与稳定性,而且也关系到输送设备的使用寿命与工作性能。因此,在设计机筒时,要综合考虑机筒结构形式、机筒端部结构、机械加工制造工艺等因素。

#### 5.1.1.1　机筒的结构形式

高压容器筒体的结构形式一般由整体式和复合式两大类组成:

(1) 整体式。

① 单层厚板式。在卷板机上将厚钢板卷成钢板,然后焊接 A 类接头[6]组成筒节。该结构筒径适用范围 φ400～3200 mm、压力 10～32 MPa 的工况,制造简单,工序少,自动化程度高。

② 单层瓦片式。利用水压机将厚钢板胚料冲压成瓦片式弧形板坯,并通过两条以上 A 类焊接接头焊接制成筒体。当卷板机能力不够,并且具备

水压机时,可采用此结构。此结构制造较单层式复杂、费时。使用范围同单层厚板式,壁厚由水压机能力而定。

③ 整体锻造式。穿孔后的钢坯按工艺要求加热,将一心轴穿过孔心,通过水压机上锻打至要求尺寸,最后加工成设计筒体。该结构多用于超高压容器,适应各种温度场合。

(2) 复合式。

① 层板包扎式。该结构主要分内筒和层板两部分,内筒通过卷焊工艺将壁厚为 14～16 mm 钢板焊接制成,层板通常由厚度 4～8 mm 的钢板卷焊,由于层板 A 类焊缝收缩时产生预紧力,因内压作用而产生的筒壁应力沿径向分布比较均匀,可明显改善筒体应力。该结构形式直径适用范围 $\phi$500～3000 mm,设计压力≤50 MPa,设计温度≤500 ℃。

② 热套式。该结构要求将直径不等但同心的内筒和外筒整体套合,按照工艺施工要求,内筒外径在进行套合前要略大于外筒的内径,通过热胀冷缩原理将加热膨胀后的外筒套在内筒上,自然冷却后外筒就会紧缩在内筒上形成两层热套筒体,用同样方法形成第三、四层直至到所需壁厚为止。设计压力适用范围 10.5～70 MPa,适应各种温度场合。

③ 扁平钢带式。内筒用钢板卷焊而成,用一定规格截面尺寸的扁平钢带缠绕在内筒上,通过冷绕式或热绕式相结合,在一定预拉应力下并与圆周方向成一倾角逐层交错在内筒外面。每条钢带首尾两端焊死在内筒定底部的锥面上。

④ 绕板式。由内筒与连续缠绕在内筒上的若干层相当薄的钢板所构成。绕板的始端由于绕板自身厚度原因而存在一台阶。当二层绕板绕上去时就形成一个楔形间隙,故采用一个楔形接头。绕至最后一层时同样加上一个楔形接头。最后一层用一个保护筒加固。

⑤ 绕带式。内筒通过焊接、检测合格后,在筒体表面加工与第一层扁平带的凸台和凹槽相匹配的槽型,使绕带层也能承受一定的轴向力。钢带缠绕时经电加热,绕到筒体时经水与空气冷却产生预紧力。

旋叶式输送机的整体尺寸不大,但是考虑到其工作原理、筒体的安全性与使用材料的经济性、焊接工艺以及机加工工艺的成熟性等因素,故而考虑采用整体锻造式筒体。筒体结构形式如图 5-2 所示。

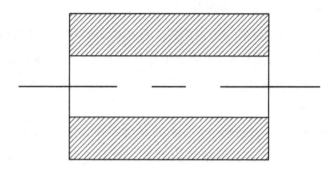

图 5-2　筒体结构形式

机筒整体加工技术要求为：粗车筒体—筒体开孔—筒体开孔坡口设计加工—母由壬马鞍形加工—高压由壬焊接—法兰焊接—焊后热处理—机筒精车。

### 5.1.1.2　筒体材料选择

筒体为粒子的输送提供了耐压 30 MPa 封闭空间。筒体与端部结构之间属于精密配合，因此要保证筒体具有良好的机械加工性能。法兰和由壬与筒体的焊接接头需有足够的焊接强度，因此选择焊接性能较好的筒体材料。输送介质是混合在泥浆中一定体积比的钢制粒子，考虑输送过程中粒子与筒体的研磨、介质对壁面腐蚀等因素，所以对筒体材料的硬度、刚度、耐磨性、耐腐蚀性等提出了较高要求。

综合上述条件，选定筒体材料为 Q345B，其化学成分和力学性能[79]分别如表 5-1 和表 5-2 所示。

表 5-1　Q345B 的化学成分（单位：%）

| 等级 | $C$ | $Si$ | $V$ | $Mn$ | $S$ | $P$ | $Nb$ | $Ti$ | $Cr$ |
|---|---|---|---|---|---|---|---|---|---|
| $Q345B$ | ≤0.20 | ≤0.55 | 0.02~0.15 | 1.0~1.6 | ≤0.04 | ≤0.040 | 0.015~0.06 | 0.02~0.20 | 0.02 |

表 5-2 $Q345B$ 的力学性能(20 ℃)

| 等级 | 抗拉强度/MPa | 屈服强度/MPa | 许用应力/MPa | 硬度/HB | 应用场合 |
|---|---|---|---|---|---|
| Q345B | 490~675 | 345 | 167 | ≤180 | 综合力学性能良好,低温韧性优良,焊接性好,冷热加工性良好,一般在热轧或正火状态下使用,适用于制作高压容器、锅炉及其他大型焊接结构件。 |

### 5.1.1.3 筒体壁厚计算

《钢制压力容器》GB 150 适用范围[80]:① 设计压力≤35 MPa 的压力容器;② 设计温度遵循使用钢材许用温度范围。

高压筒体的设计满足上述要求,故筒体壁厚可根据 GB 150-1998《钢制压力容器》来计算,其壁厚计算公式如下:

$$\delta = \frac{P_C D_i}{2[\sigma]^t \phi - P_C} \qquad (5—1)$$

式(5—1)的适用范围为

$$p_c \leqslant 0.4[\sigma]^t \phi \qquad (5—2)$$

式中:$\delta$——筒体壁厚计算厚度,mm;$P_c$——设计压力,MPa;$[\sigma]^t$——筒体材料许用应力,MPa;$D_i$——机筒内径,mm;$\phi$——焊接接头系数,双面全焊透且无损检测达到 100%,因此选 $\Phi=1$。代入数据,满足式(5—2),经计算可得:$\delta=16.8$ mm。

$\delta$ 为筒体计算厚度,在此基础上还要将腐蚀裕量、厚度负偏差和厚度圆整值等[9]计算在内,故需增加筒体壁厚,选定筒体壁厚为 $\delta=40$ mm。

### 5.1.1.4 筒体开孔

为了使输送机输送钢粒工艺正常完成,简体进、出料口的设置十分必要,则需对简体进行开孔处理,考虑到输送机检修拆装的便利性及钻井现场零件互换性,选用高压由壬作为旋叶式输送机的进、出料口。

（1）开孔形状及尺寸确定。

受力构件开小孔时,出现孔边应力远大于无孔处应力的现象称为应力集中[9]。孔的形状不同,应力集中程度就会不同。圆孔相较于其他形状孔的边应力集中程度最小,应力集中程度随孔形曲线曲率变大而增大。粒子冲击钻井注入系统的高压由壬型号为 4"×1502,则确定筒体开孔 Φ100 mm。

（2）开孔方向确定。

开孔方向对应力集中系数有较大程度的影响[10]。当开孔方向不在筒体径向时,筒体开孔则变成椭圆形,应力集中程度就会变大。故开孔方向为筒体径向方向。

（3）开孔加工方法。

考虑加工工艺及经济性,筒体开孔选用用镗床机加工。

### 5.1.1.5　筒体应力校验

输送机筒体开孔后,筒体的承载能力因筒壁承载面的削弱而减弱。同时,开孔处的筒体因连续性受到了破坏就会产生较大的弯曲应力。此外,材质及制造的缺陷等因素导致开孔边缘会出现很大的应力集中,形成输送机筒体的薄弱环节。因此,需对开孔边缘处进行应力校验,验证筒体的安全性。

（1）筒体未开孔时应力分析。

在内压作用下,筒体不仅承受轴向均布的轴对称载荷,而且还承受由端部结构传递的轴向载荷。工程应用中认为筒体部分的应力、应变分量与 z 轴无关,即沿轴向各截面是不变的,所以将高压容器筒体应力分析这一立体问题简化为二维平面问题。输送机筒体在未开孔情况下的应力公式为：

$$\sigma_r = \frac{p_i}{K^2-1}\left(1-\frac{R_0^2}{r^2}\right) \tag{5—3}$$

$$\sigma_\theta = \frac{p_i}{K^2-1}\left(1+\frac{R_0^2}{r^2}\right) \tag{5—4}$$

$$\sigma_z = \frac{p_i}{K^2-1} \tag{5—5}$$

式(5—3)~(5—5)中：$\sigma_r$——筒体径向向应力,MPa；$\sigma_\theta$——筒体周向应力,MPa；$K$——筒体外径与内径比,$K = \frac{R_0}{R_i}$；$\sigma_z$——筒体端部封闭时轴向应力,

MPa;$r$——筒体任意外半径,mm。

　　由式(5—3)、式(5—4)、式(5—5)可知,径向应力随壁厚的变大而减小,周向应力沿筒体壁厚分布极不均匀,内壁应力是外壁应力的1.26倍,而轴向应力沿径向壁厚分布均匀,且筒体内壁周向应力为轴向应力的2.5倍。因此,筒体内壁应力分析在讨论筒体应力分析问题时显得更为重要,讨论厚壁筒体应力问题简化为讨论筒体内壁应力分析,提取包含筒体内壁的一薄壁面,那么薄壁面可视为薄壁筒体。

　　(2) 筒体开孔时应力分析。

　　在薄壁筒体上,$\sigma_\theta = 2\sigma_z$,薄壁筒体上的开孔问题可转化为分析平板双向不相等受拉的受载模型问题[12],应力公式为

$$\sigma_r = \left(1 - \frac{a^2}{r^2}\right)\frac{3q}{2} + \left(1 - \frac{4a^2}{r^2} + \frac{3a^4}{r^4}\right)\frac{q}{2}\cos 2\theta \tag{5—6}$$

$$\sigma_\theta = \left(1 - \frac{a^2}{r^2}\right)\frac{3q}{2} - \left(1 + \frac{3a^4}{r^4}\right)\frac{q}{2}\cos 2\theta \tag{5—7}$$

$$\tau_{r\theta} = -\left(1 + \frac{2a^2}{r^2} - \frac{3a^4}{r^4}\right)\frac{q}{2}\sin 2\theta \tag{5—8}$$

　　由式(5—6)~(5—8)可知,在$r = a$、$\theta = 90°$时,即在开孔边上的周向应力方向,$\sigma_\theta$最大,可达2.5倍的正常周向应力,但是随着$r$的增加很快衰减。$(\sigma_\theta)_{\theta=90°} \sim r$,$(\sigma_\theta)_{r=a} \sim \theta$的关系如图5-3所示。

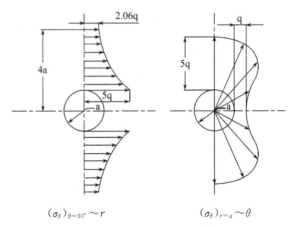

$(\sigma_\theta)_{\theta=90°} \sim r$　　　　　$(\sigma_\theta)_{r=a} \sim \theta$

图 5-3　薄壁筒体在内压作用下开孔处周向应力分布

压力容器中产生的应力集中通常用应力集中系数表示。应力集中系数指受压容器局部区域中实际最大的应力 $\sigma_{max}$ 与未开孔时容器内壁周向膜应力 $\sigma_\theta$ 的比值。因此，可以利用应力集中曲线求解筒体最大应力。应力集中系数公式为

$$J = \frac{\sigma_{max}}{\sigma_\theta} \qquad (5—9)$$

式（5—9）中：$J$——应力集中系数，无因次量；$\sigma_{max}$——受压容器局部区域中实际最大的应力，MPa；$\sigma_\theta$——未开孔时容器壁周向膜应力，MPa。

（3）应力校验。

由上述分析可知，应力集中系数 $J$ 为 2.5。将已知参数代入公式（5—5）（5—9）得：

$$\sigma_{\theta max} = 90.4 \text{ MPa}。$$

$$\sigma_{max} = 2.5\sigma_{\theta max} = 226 \text{ MPa} < \sigma_s \qquad (5—10)$$

综上所述，筒体开孔最大应力值发生在垂直于 $\sigma_\theta$ 方向的筒体内壁面的孔边上，筒体强度满足要求，无须进行焊接补强操作。

### 5.1.1.6　筒体焊接工艺

（1）焊接特点。

高压由壬与筒体焊接，根据输送工艺要求，要保证高压由壬轴线与筒体轴线的垂直度。筒体和高压由壬的材料均为 Q345，均属于低合金高强度结构钢，焊缝强度满足耐压 30 MPa 的要求。筒体和高压由壬壁厚分别为 40 mm、20 mm，其化学成分及力学性能见表 5-1、表 5-2。

（2）焊接性能分析。

通过计算 Q345 的碳当量，可以对筒体与由壬的可焊性进行评判，并对焊接时产生冷裂缝倾向及脆化倾向评估，确定焊前是否需要预热。

低合金高强度钢的含碳当量公式（国际焊接学会推荐）：

$$C_E = C + \frac{Mn}{6} + \frac{Cr+Mo+V}{5} + \frac{Ni+Cu}{15}(\%) \qquad (5—11)$$

将推荐的 Q345 化学成分含量代入上式，可得 $C_E$ 为 0.378% ～

0.544%，焊接性能中等，冷裂缝倾向较大，钢材的淬硬倾向逐渐增大。因此，选用低氢型的焊接材料进行输送机焊接，而依据工艺要求焊前需适当预热。

（3）焊接施工步骤。

筒体坡口及高压由壬马鞍形加工（焊条烘干）—点固焊—预热—施焊—自检/专检—焊后热处理—无损检验。

（4）焊接工艺参数选择。

① 焊接方法。压力容器中焊接常以电弧焊为主。高压由壬与筒体焊接属于单件生产，考虑到经济性、操作灵活性等因素，宜选用手工电弧焊。

② 焊接接头结构设计。焊接接头指焊接零件在焊接连接部位处的结构总称。焊接接头包括：接头形式、坡口形式和焊缝形式[14]。

a. 接头形式。高压由壬与筒体在焊接接头处的中面相互垂直，并要求保证一定垂直度。同时，由上节应力校验可知，筒体无须补强，即高压由壬与筒体的焊接属于不带补强圈的插入式接管类型[85]。通常情况下，高温高压容器和低合金刚强度钢容器上直径大于 100 mm 的接管均采用全焊透 T 形接头，此接头形式工作不仅可靠，而且使用寿命最长。

b. 坡口形式。为保证接头的焊接质量，根据焊接工艺需要，需要将高压由壬与筒体接头熔化面加工成一定种形状的坡口。由于高压由壬与筒体内壁连接处焊接难于外部焊接，且焊后清渣困难，故设计用带钝边单边 V 形坡口。

c. 焊缝形式。在压力容器中，T 形接头一般采用组合焊缝，即由对接焊缝和角焊缝组合而成的焊缝。

综上所述，由壬与筒体的焊接结构为采用组合焊缝的带钝边单边 V 形坡口的全焊头 T 形接头。

③ 焊接材料选择。由上述可知，筒体与高压由壬的焊接属于相同强度级别的低合金高强度结构钢的焊接。一般要求焊接接头的强度不低于母材（Q345）标准规定的抗拉强度下限值，并且 Q345 材质具有较大的冷裂纹倾向，为确保输送机使用的安全性，故选塑性及韧性性能较好好的低氢钠型的

J507 焊条。

J507H 焊条在使用前应按规定温度进行烘干,以防焊条吸潮造成水分含量过高影响低氢效果,烘干后并用保温桶领用。由上述焊接结构可知,坡口形式为带钝边的单边 V 形坡口,即属于开坡口多层焊接。为了确保焊接结构全焊透,宜选用直径较小的焊条进行打底焊,之后根据焊件厚度选择相应直径的焊条进行焊接。故打底焊选用直径 $\phi 3.2$ mm 的焊条,随后选用直径 $\phi 4.0$ mm 的焊条进行焊接。

故焊接材料选择直径 $\phi 3.2$ mm、$\phi 4.0$ mm 的 J507H 焊条。

④ 焊接电流。J507H 焊条是碱性焊条,故选用直流焊机。焊接质量和效率受焊接电流大小选择的直接影响。一般情况下,根据焊条直径、焊接层数和焊缝位置等因素确定电流的大小。

首先根据所选焊条直径确定电流的范围,其次考虑焊接位置,立焊和横焊的焊接电流比平焊低 10%～15%,而仰焊时比平焊低 15%～20%;最后要考虑焊接层次,焊接打底焊道时,宜选用较小电流,因为焊接电流较大时,熔融深度较深,难以保证焊道背面的质量。焊接填充焊道时,在保证焊接质量的前提下,宜选用较大电流。由于焊接电流越大,焊条溶化速度越快,熔融深度越深,可以提高焊接效率;焊接盖面焊道时,电流值较填充焊缝时要稍小,防止出现焊瘤、咬边等缺陷,保证焊接外观和质量。

综上所述,焊接作业时,第一层至第三层采用直径为 3.2 mm 的焊条,电流为 110 A,第四层用直径为 4.0 mm 的焊条,选用电流 180 A,最后一层盖层时电流值降为 160 A。

⑤ 焊前预热。焊接性能分析可知,当钢材碳当量较大时,焊缝的淬硬裂纹倾向逐渐明显,焊前需要采取预热措施。预热可降低冷却速度,减小焊接应力作用,利于扩散氢的逸出,且对于冷裂纹的产生有明显的抑制作用。预热 100 ℃～150 ℃,焊接厚度不大于 30 mm 时,一般不需进行预热。

⑥ 焊后热处理。机筒作为粒子输送的厚壁高压容器,其材质具有较大的冷裂纹倾向,同时对尺寸稳定性有较高要求,因此焊后要及时进行消除应力处理,故将机筒均匀加热到 550 ℃～600 ℃,保温 1～2 h,随炉冷到 300 ℃

～400 ℃,最后焊件在炉外空冷[20]。

高压由壬与筒体焊接操作完成后,之后焊接端部法兰,焊接完成后进行热处理。焊接过程中,由于焊接应力、温度等因素,可能影响机筒尺寸、位置、形状精度,因此需要精车机筒,并保证法兰与筒体的同轴度要求。

### 5.1.1.7　机筒图纸设计

在输送机在运行过程中,为了保证机筒与旋转轴的同轴度要求以及叶片转子在机筒内的装配便利,再综合考虑筒体材料、壁厚、焊接等设计参数,应尽量减少零部件数量,并将筒体设计为一端开式结构,利用 AutoCAD 软件进行图纸设计,机筒结构如图 5-4 所示。

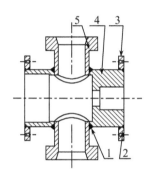

1-由壬与筒体焊接结构,2-法兰与筒体焊接结构,3-法兰,4-主筒体,5-四吋母由壬

图 5-4　机筒结构示意图

### 5.1.3　旋叶设计

旋叶和机筒是旋叶式输送机输送粒子的执行部件,旋叶结构参数会对粒子输送速率及效果产生影响。从加工工艺、经济性及易损件的互换性角度出发,旋叶结构分为轴和叶轮两部分。

### 5.1.3.1　轴的设计

(1) 轴的材料选择及热处理方式。

该轴为输送钢粒的叶轮传递扭矩,并且承受 30 MPa 压力,对轴的强度、刚度、耐磨性等提出了较高要求,以及选择适合的热处理方式来实现上述要求。根据实际生产经验,轴选定材料为 Q235,该材料力学性能及适用范围见表 5-3。

表 5-3　Q235 力学性能及适用范围

| 材料 | 抗拉强度 $\sigma_b$/MPa | 屈服强度 $\sigma_b$/MPa | 硬度 /HRC | 伸长率 $\delta_5$ /% | 适用范围 |
|---|---|---|---|---|---|
| Q235 | ≥470 | 235 | 28～32 | 13 | 综合力学性能好,焊接性、冷、热加工性能好 |

旋转密封结构对轴的硬度及表面粗糙度有严格要求,对轴进行调质处理,密封面结合处喷涂硬质合金,表面粗糙度严格按照图纸设计要求加工。

（2）轴的结构设计。

本设备的工况条件是在高压环境下实现向泥浆中均匀、稳定、可控的钢粒,考虑旋转轴的受载情况、零配件的布置及固定方式、密封配合面质量要求、轴承类型尺寸、配合精度要求、制造和装配工艺等因素,确定轴承配合面轴径 50 mm,利用 AutoCAD 软件进行辅助设计,并用 SolidWorks 建立三维模型,如图 5-5 所示。

图 5-5　轴三维模型

### 5.1.3.2　叶轮设计

（1）已知参数及条件。

输送介质为泥浆与粒径 1～2 mm 的钢质粒子的混合物,钻井现场泥浆排量为 25 L/s,泥浆密度以 1.25 g/cm³ 计算,可知粒子堆积密度为 4.8 g/cm³。粒子钻井工艺要求粒子体积浓度为 1%～3%,即要求输送机输送能力为 7.1～21.7 t/h。

（2）叶轮形状确定。

叶轮常见的结构形式有以下三种[22]，如图 5-6 所示。前弯弧形叶片强度大，但加工工艺复杂、难度大；单板式叶片适用于流动性较好的粉状物料的气力输送。该设备输送介质为钢质粒子，考虑加工工艺、经济性等因素，选择直板式叶轮结构形式。

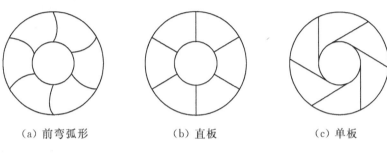

（a）前弯弧形　　　　　　　（b）直板　　　　　　　（c）单板

图 5-6　叶轮结构形式

（3）叶轮外径确定。

叶轮外径是关系到输送机能否稳定完成输送钢粒功能的关键参数，外筒内径已知，叶轮外径的确定则转化为讨论叶轮与机筒内表面合理间隙 $\delta_f$ 的问题。过小会造成叶轮与机筒的摩擦，增大输送功率，甚至造成卡死；间隙过大则会降低输送效率。所以采用室内试验的方法确定合理间隙，依次取间隙 $\delta_f$ 为 0.5 mm、1.5 mm、2.5 mm、3.5 mm 四个序列分别进行试验。选用粒径规格为 1 mm 和 1.7 mm 的钢粒进行试验；试验用电机型号 YCT160-4A 的电磁调速电机，额定功率 2.2 kW，配备减速比为 1∶17 的减速机。试验结果如表 5-4 所示。

通过上述试验分析，选定叶轮外径为 163 mm。

现将储罐中的粒子在叶轮未转动的情况下即从下料口输出的现象称为粒子自流现象。为防止粒子自流现象的发生，在叶轮叶片顶部用螺栓固定聚氨酯板条，聚氨酯板条与筒体间隙可以调节，从而防止粒子自流现象发生。同时，该聚氨酯板条的设计避免了叶轮与机筒摩擦产生的不可逆磨损，其较强的互换性很大程度提高了输送机运行可靠性。

表 5-4　叶轮与机筒间隙试验

| 序号 | 间隙 $\delta_f$ /mm | 粒子直径 $\phi$/mm | 现象描述 |
|---|---|---|---|
| 1 | 0.5 | 1 | 运转 7 s 后开始出现摩擦声,11 s 后摩擦声加剧,电机电流急剧增大,进出口产生类似车床切屑金属时产生的烟雾,停机,停止试验 |
| 2 | | 1.7 | 试验过程与试验 1 状况类似,设备晃动更加剧烈,停机,停止试验 |
| 3 | 1.5 | 1 | 运转 20 s 后出现金属摩擦声,3 min 后转速出现跳动并逐渐降低,皮带打滑,无法继续试验。 |
| 4 | | 1.7 | 试验过程与试验 3 状况相似,转速降低现象发生更早,皮带打滑,故停止试验 |
| 5 | 2.5 | 1 | 设备运转无异常,试验 40 min 后,结束试验 |
| 6 | | 1.7 | 运转 3 min 后出现金属摩擦声,8 min 后转速逐渐降低,最终皮带打滑,停止试验 |
| 7 | 3.5 | 1 | 试验 40 min 无异常,结束试验 |
| 8 | | 1.7 | 试验 40 min 无异常,结束试验 |

（4）叶轮断面形状及厚度确定。

常见断面形状有矩形、锯齿形和双楔形三种,如图 5-7 所示。矩形断面一定程度增大了料槽容积,适用于物料输送;锯齿形断面料槽底部后缘面的过度圆角与倾角较大,有利于物料在料槽中的运动;双楔形断面是在锯齿形断面的基础上优化产生的,输送效率与矩形螺棱断面相比提高 30% 左右。考虑经济性与加工工艺等因素,且在保证使用功能与输送速率的前提下,采用矩形螺棱断面。

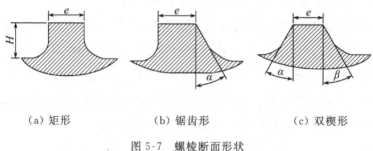

（a）矩形　　　　　　（b）锯齿形　　　　　　（c）双楔形

图 5-7　螺棱断面形状

叶轮厚度 $e$ 一般取 $0.08 \sim 0.12 D_s$。若叶轮厚度 $e$ 太小,考虑到本设备中叶轮是在高压环境中对钢质粒子的输送作业,叶轮不能满足强度要求,所以 $e$ 应取较大值;但并非 $e$ 越大越好,厚度越大占据料槽容积,降低输送效率。所以选定叶轮厚度 $e$ 为 15 mm。

(5) 叶轮料槽深度确定。

根据旋叶式输送装置的输送能力:

$$Q = 60 K_t V_b n \rho \tag{5—12}$$

$$V_b = \left[ \frac{D_o^2 - D_i^2}{4m} - \frac{(D_o - D_i)m}{2} \right] \cdot h \tag{5—13}$$

$$H = \frac{D_o - D_i}{2} \tag{5—14}$$

式(5—12)~(5—14)中,$Q$——输送装置输送能力,t/h;$V_b$——叶轮旋转一周排出的几何体积,$m^3/r$;$n$——叶轮的转速,r/min;$K_t$——叶轮料槽的充填系数,细粒物料为 $0.7 \sim 0.8$,粉状物料为 $0.5 \sim 0.6$,轻、细粉状物料为 $0.1 \sim 0.2$;$\rho$——物料密度,$t/m^3$;$h$——叶轮长度,mm;$m$——叶轮叶片数量;$H$ 为料槽深度,mm。

根据已知设计参数,可以确定旋叶式输送装置的输送能力为 $1.48 \sim 4.52 \ m^3/h$。钢粒直径 $1 \sim 3 \ mm$,$K_t$ 取 $0.75$。在现场应用中,高压罐中钢粒通过输送机进口落入叶轮料槽,要求叶轮长度不小于输送机进口内径,因此,设计确定叶片长度 $h$;为使输送达到均匀、稳定的效果,且不超过设计转速,选取叶轮叶片数量 $m$ 为 6 个。

将已经参数代入公式(5—12)、式(5—13)、式(5—14),确定叶槽深度 $H$ 为 35 mm。

(6) 叶轮结构 CAD 设计。

利用 AutoCAD 软件进行辅助设计,并用 SolidWorks 建立三维模型,如图 5-8 所示。

图 5-8　旋叶式输送机三维模型

### 5.1.3.3　旋叶装配

旋叶结构主要由轴和叶轮装配组成,如图 5-9 所示。

图 5-9　旋叶结构装配图

## 5.1.4　端部结构设计

端部结构由密封结构、轴承支承结构和循环冷却结构组成。为了防止工作介质侵入轴承,提高轴承使用寿命,故密封结构置于压力一侧。循环冷却结构设计为外置式,在不影响冷却效果的前提下,较大程度提高了拆装维修效率。

### 5.1.4.1　密封结构

在机械设备运行过程中,工作介质的泄漏不仅会造成物质的浪费和环境的污染,而且会加剧轴承等零件的磨损,甚至造成设备非计划非计划停车。密封的作用就是为了阻止工作介质泄漏,保证设备正常运行的工作环境。密封件是在密封结构中起密封作用的零配件,属于易损件,一般按标准选择使用。通常按密封面间不同零部件的运动状态,密封分为静密封和动密封。根据密封面间是否存在间隙,分为接触型密封和非接触性密封。

在本设计中,密封的工作介质是掺混粒子的泥浆,设计工作压力达到 30 MPa。与筒体之间的密封的配合面无相对运动,即属于静密封。由于轴为旋转运动,配合面之间存在相对运动,即为动密封。

(1)静密封结构设计。

① 密封类型选择。由上述可知,与筒体之间的密封属于高压静密封。常见静密封类型及应用特点见表 5-5。根据密封可靠性、使用寿命及经济性等因素,选择应用广泛、技术成熟的 O 形圈。

表 5-5　常见静密封类型及应用

| 名称 | 应用 |
| --- | --- |
| 垫片密封 | 密封压力与连接件的型式、垫片材料和片型有关。适用温度为 −70 ℃～600 ℃,应用于压力不超过 35 MPa 的管法兰、设备法兰等 |
| 自紧密封 | 介质压力使密封件被压紧,达到密封作用。适用于温度低于 350 ℃,介质压力低于 100 MPa 的高压容等的密封 |
| 研合面密封 | 靠精密研合消除配合面间隙,压力压紧密封。多用于小于 100 MPa、低于 550 ℃ 的汽轮机等气缸接面密封 |
| 密封胶密封 | 主要用于管道密封,适用于塑料橡胶等非金属材料密封 |
| 填料密封 | 密封面间压紧填料来密封。填料的材料不同,适用的温度和压力也不同。常用于化工、制药等工业设备内伸管的密封 |

② O 形密封圈型号选择。

a. 选择 O 形圈线径。O 形密封圈从筒体孔端插入,密封形式类似液压缸中活塞密封,依据筒体密封结合面内径尺寸,见表 5-6,选择 O 形圈线径为 3.55。

表 5-6　O 形圈规格及应用范围

| 规格范围/mm | | 活塞密封 | | |
| --- | --- | --- | --- | --- |
| $d_2$ | $d_1$ | 液压动密封 | 气压动密封 | 静密封 |
| 3.55 | 18.0～41.2 | √ | √ | √ |
| | 42.5～200 | | | √ |
| 5.30 | 40.0～115 | √ | √ | √ |
| | 118～400 | | | √ |

注:"√"为推荐使用密封形式。

b. 设计 O 形圈沟槽。在选择 O 形圈内径前,先进行沟槽设计,合理的沟槽形状和尺寸可以保证 O 形圈轻便装配及长期的使用寿命[26]。常用密封圈沟槽形状有矩形、半圆形、燕尾形、V 形、三角形等形状,考虑到加工、应用等因素,选择矩形沟槽,见图 5-10。O 形圈选型时,注意将 O 形圈内径 $d_1$ 略小于沟槽内径 $d_3$,$d_3$(H9)$=d_4-2t$,沟槽尺寸表见表 5-11。已知 $d_2=3.55$,由表 5-7 查得 $t$,求得沟槽内径 $d_3=172.4$(H8)。

表 5-7　沟槽尺寸表(新国标 GB 3452)　单位:mm

| O 形圈线径 | 沟槽深度 | 沟槽宽度(无挡圈) | 沟槽宽度(单侧挡圈) | 沟槽宽度(双侧挡圈) |
| --- | --- | --- | --- | --- |
| $d_2$ | $t_0^{+0.1}$ | $b_0^{+0.2}$ | $b_0^{+0.2}$ | $b_0^{+0.2}$ |
| 3.55 | 2.8 | 4.8 | 6.2 | 7.6 |
| 5.3 | 4.35 | 7.1 | 9.0 | 10.9 |

c. 选择 O 形圈内径。O 形圈内径 $d_1$ 要略小于沟槽内径 $d_3$,故选择 O 形圈内径 $d_1$ 为 170 mm。

综上所述,O 形圈型号为 $\phi170\times3.55$ mm。

③ 静密封结构 CAD 设计。为了增大密封的可靠性,设计了两道静密封。根据 O 形圈型号、沟槽尺寸,利用 AutoCAD 软件进行密封结构设计,如图 5-10 所示。

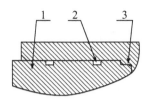

1-端部,2-沟槽,3-筒体

图 5-10　密封结构示意图

(2) 动密封结构设计。

① 密封类型选择。动密封通常分为旋转轴的密封和往复运动密封两大类,按本设备的实际运动方式,该动密封为接触型旋转动密封。常见接触型动密封类型及其应用特点见表 5-8。动密封结构要达到耐压 30 MPa(机筒内高压钻井液与筒外大气压力压差)要求,其作用是防止机筒内的钻井液从旋转轴与机筒的配合面泄漏。旋转轴设计转速为 20~60 r/min,动密封结合面处轴径为 60 mm,可知密封面线速度为 0.063~0.188 m/s。综合工况、密封件可靠性等因素分析,选择滑环式组合密封形式[82]。

表 5-8　常见接触型动密封类型及应用

| 硬填料密封 | 用于压力 350 MPa、温度不高于−45 ℃~400 ℃及线速度 12 m/s 的场合,在适当的密封结构条件下,也适用于旋转轴的密封 |
| --- | --- |
| 挤压型密封 | 在−60 ℃~200 ℃、低于 40 MPa、线速小于 3~5 m/s 的工况下,用于往复与旋转运动 |
| 机械密封 | 适用于旋转轴密封,使用寿命长,适应介质广,可在轴径 5~2000 m、压力小于 45 MPa、线速低于 150 m/s 的工况应用 |
| 浮动环密封 | 用于压力大于 10 MPa、高转速、线速 100 m/s 的旋转式流体机械 |
| 滑环式组合密封 | 耐磨、耐温、耐压、线速高、摩擦力小、寿命长,适用于航空、石油等系统的动、静密封 |

② 滑环式组合密封结构形式及密封机制。

a. 基本结构。滑环式组合密封一般由一个 O 形密封圈、一个加强聚四氟乙烯的齿形滑环(也可采用尼龙材料)和一个夹布木胶材质的挡圈三部分组成,如图 5-11 所示。PTFE 齿形滑环具有摩擦系数小(仅为 0.02～0.04)、自润滑、耐腐蚀、温度范围大(－100 ℃～250 ℃)等特性。O 形密封圈采用 GB 3452.1-92 标准系列,属于标准件,用作静密封时,可以实现完全密封效果。

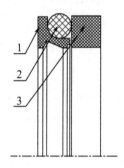

1-齿形滑环,2-O 形密封圈,3-挡圈

图 5-11  组合密封圈

b. 密封机制。如图 5-11 所示,齿形滑环由主密封唇和副密封唇组成。主密封唇在齿形滑环前端,特定的几何形状可产生较大的径向力,利于理想润滑油膜(临界油膜厚度 2.5 μm)的建立,而且利于由轴旋转产生的有害摩擦的热量散失。副密封唇位于齿形滑环后端,具有防尘和阻隔油膜的作用。齿形滑环装配时,唇口方向必须面对机筒内压力腔。组合密封中的 O 形密封圈起提供相对于筒体和齿形滑环的静密封作用。因具有一定的压缩量,O 形密封圈产生的径向力可使主密封唇紧抱在密封面上,从而达到动密封的效果。O 形密封圈受齿形滑环侧边约束,故耐高压,且介质压力越大,密封抱紧力就会越大,密封性能就会越好。当设计压力在大于 5 MPa 时,必须使用挡圈,如图 5-11 所示。齿形滑环式组合密封工作参数如表 5-9 所示。

表 5-9  组合密封工作参数

| 使用场合 | 轴径/mm | 压力/MPa | 温度/℃ | 速度/(m/s) | 介质 |
|---|---|---|---|---|---|
| 旋转轴用 | 6～1000 | 0～70 | －55～250 | ≤6 | 空气、水、矿物油、酸、碱等 |
| 旋转孔用 | 26～1000 | 0～70 | －55～250 | ≤6 | 空气、水、矿物油、酸、碱等 |

③ 滑环式组合密封尺寸确定及压力校验。

a. 尺寸确定。结合设备工况、结构等特点,选择轴用滑环式组合密封,旋转轴轴径 $\phi 60$ mm,按表 5-10 选择型号。

表 5-10  轴用密封尺寸规格  单位:mm

| 杆径 $d(f8)$ | 沟槽底径 $D(\mathrm{H}9)$ | 沟槽宽度 $b_0^{+0.2}$ | O形圈线径 $d_2$ | 圆角 $R$ | 间隙≤$S$ | 倒角≥$Z$ |
|---|---|---|---|---|---|---|
| 6～15 | $d+6.3$ | 4.0 | 2.65 | 0.2～0.4 | 0.3 | 2 |
| 16～38 | $d+6.3$ | 5.2 | 3.55 | 0.4～0.6 | 0.3 | 3 |
| 39～110 | $d+6.3$ | 7.6 | 5.30 | 0.4～0.6 | 0.4 | 5 |
| 111～670 | $d+6.3$ | 9.6 | 7.00 | 0.4～0.6 | 0.4 | 7 |
| 671～1000 | $d+6.3$ | 12.2 | 8.60 | 0.4～0.6 | 0.6 | 9 |

b. 压力校核。O形密封圈起提供相对于筒体和齿形滑环的静密封作用。O形密封圈具有一定的压缩量,在安装时被压缩,产生预压缩应力达到密封作用。当O形密封圈应用到旋转动密封中时,要达到密封作用,就要保证其最大压缩应力 $p$ 大于工作介质压力。由经验公式(5—15)计算O形圈压缩应力[79]。

$$p=\frac{1.812dDE}{\pi b}\left[1.25\left(\frac{x}{d}\right)^{1.5}+50\left(\frac{x}{d}\right)^{6}\right] \qquad (5—15)$$

式中:$p$——O形密封圈最大压缩应力,MPa;$d$——O形密封圈的线径,$d=5.30$ mm;$D$——O形密封圈的平均直径,$D=65.3$ mm;$E$——O形密封圈材料的弹性模量,本设备中所用O形密封圈为通用标准件,材料为丁腈橡胶(NBR,材料编号 N7096AA),其弹性模量 $E=710$ MPa;$x$——O形圈的截面压缩量,$x=0.55$ mm(测量值);$b$——O形圈的密封接触宽度,可近似计算为 $b=2.4x=1.32$ mm。将上述数据代入式(5—15)中,可得:$p=59.64$ MPa,远大于设计压力 30 MPa,故可起到密封作用。

④ 密封结构 CAD 设计。密封结构的设计要满足可靠的运行寿命和拆装简便的要求[90]。

为了保证齿形滑环式组合密封的使用寿命,当旋转轴直径小于 70 mm 时,一般采用开式沟槽,故在本设备中专门设计了密封盒结构,并且串联成组使用,以增大密封性能的安全系数。为了避免泥浆中的异物或破碎的粒子对组合密封件的损害,在密封盒结构前部设置了一道挡尘圈。同时,为了减小旋转轴径向震动对密封盒结构造成的不利影响,在密封盒结构上设置了一道导向带沟槽。组合密封件长时间工作会产生大量热量,会严重影响密封的效果,为了及时将旋转密封处因摩擦产生的热量及时导出,专门设计了循环冷却结构,很大程度上改善了组合密封的工作条件,提高了密封件的使用寿命。

为了保证密封盒结构的装配便利,在密封盒结构端面上设置了专用拆卸结构。

综上所述,利用 AutoCAD 软件进行密封结构设计,如图 5-12 所示。

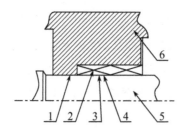

1-O 形密封圈,2-密封盒结构,3-密封盒组件,4-导向带,5-旋转轴,6-机筒

图 5-12　旋转密封结构

### 5.1.4.2　轴承支承结构设计

(1) 性能特点。

在本设备设计中,旋转轴和机筒的结构尺寸已经确定,即轴承安装的有效空间是已知的。由输送机的工作方式可知,轴承承受纯径向载荷的作用,考虑到加工、装配误差及粒子下落不均匀等因素,轴承也可能承受较小的轴向力作用。输送机的设计转速为 20~60 r/min,属于低转速范围。由于机筒内孔和旋转轴的加工和安装误差,以及输送过程中旋转轴受载挠性变形,旋转轴和机筒内孔的轴线在工作中就难以保证同轴,就会发生偏斜,即造成轴承应力不均而引起的失效。

（2）轴承选择。

不同结构特性的轴承适用的工作特性不同,不同的安装位置和使用场合对轴承的结构性能的要求也不同。对轴承进行选择时,一般综合以下几种因素考虑[31]：

① 轴承类型选择。依据本设备的性能特点,机筒和轴的径向与轴向尺寸对轴承选择无限制,轴承主要承受径向中等载荷（径向载荷远大于轴向载荷）,且为了补偿旋转轴和机筒孔轴线的相对偏斜,宜选用调心向心类轴承。再考虑到使用寿命、经济性、刚性及支承方式等因素,选择深沟球与调心滚子轴承配合使用,在首端（近动力端）使用深沟球轴承,在末端（远动力端）使用调心滚子轴承。

② 轴承型号选择。根据旋转轴设计尺寸,可确定轴承型号为：深沟球轴承 6310（GB/T 296-1994）,调心滚子轴承 22310（GB/T 288-1994）。

（3）支承结构设计。

① 支撑结构基本形式。轴的径向位置约束一般由两个支承共同限制,而轴向约束的限定方式多样,故可将支撑结构分为以下 3 种基本类型。

a. 两端固定支承。该支承类型指支承端均限制一个方向的轴向位移。当外载为纯径向载荷或较小的轴向载荷时,两端固定支承形式（如图 5-13a 所示）一般选用向心轴承组成,并使轴承外圈与筒体孔间在一个支承端采用较松配合,补偿轴受热伸长的影响。

b. 固定—游动支承。该支承方式仅限定轴向一个自由度,即在轴的一个支承端使轴承与轴及筒体孔的位置相对固定（该端成为固定端）,以实现轴的轴向定位。在轴的另一支承端,使轴承与轴或筒体孔可有相对位移（游动端）,补偿轴因加工、装配、受热形变引起的位移,如图 5-13b 所示。

c. 两端游动支承。该支撑结构中,两端轴承均不对轴作精确轴向定位,如图 5-13c 所示。在安装时,因为不需要有精确的轴向定位,故不必调整轴承的轴向游隙。

综上所述,本设备的支承结构选用两端固定支承。

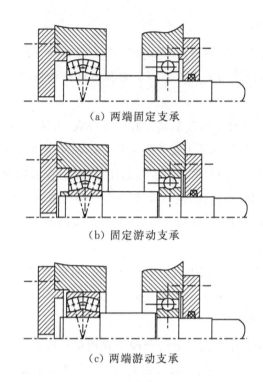

（a）两端固定支承

（b）固定游动支承

（c）两端游动支承

图 5-13　支撑结构基本形式

② 支撑结构轴向紧固。轴向紧固的目的在于防止轴承在轴或筒体孔内发生轴向位移。轴向紧固分为轴向定位和轴向固定。轴承定位，即对轴承的内外圈进行定位，轴承内外圈一般靠轴的台阶或筒体孔的挡肩约束。为了保证轴承内外圈与轴或孔的台阶接触充分，同时也方便轴承的安装拆卸，必须对台阶高度的进行正确设计。在某些应用场合中，轴承内外圈不仅要求准确定位，还要保证轴向固定，即使轴承始终位于定位面限定的位置。

轴向紧固装置多种多样，不同的工作特性其紧固方式也就不同。常见的几种轴向紧固装置，如图 5-14 所示。本设计中采用外圈用端盖紧固方式。

③ 轴承润滑与冷却。一般轴承润滑多采用脂润滑。脂润滑油膜强度高，使用时间长，密封简单，可防止外部灰尘等异物进入轴承。本设备设计转速较低，摩擦损耗的功率较小，故选用脂润滑。

设备长时间运转导致轴承温度过高，将会降低轴承的使用寿命，增加检修费用,故设计了循环冷却系统。

 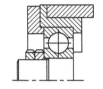 

（a）外圈用端盖紧固　　　（b）内圈用锁紧螺母紧固　　　（c）内圈用弹性挡圈紧固

图 5-14　滚动轴承支承结构基本形式

（4）支承结构 CAD 设计。

在本设备中,轴承的支承结构为两端固定支承形式,轴向紧固采用端盖紧固方式。从而设计远端和近端的轴承支承结构分别如图 5-15(a)、(b)所示。

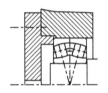 

（a）调心滚子轴承支承结构　　　（b）深沟球轴承支承结构

图 5-15　轴承支承结构设计形式

在上述密封结构和轴承支撑结构设计中,由于设备长期运转产生摩擦导致组合密封件和轴承发热严重,考虑到密封件和轴承的使用寿命等因素,故设计冷却结构。

### 5.1.4.3　循环冷却结构

循环冷却结构在设计时,主要考虑布置位置、冷却槽设计、密封设计、循环装置等因素。首先,由于机筒属于高压容器,为避免对筒体强度及其材料连续性造成破坏,不宜在筒体上设置冷却槽。为了充分使用零件的功能和空间,故将冷却结构设置在机筒端盖上。其次,在机筒端盖侧面上加工铣出 C 形环形槽,并分别在环形槽两端钻冷却液进、出口,形成冷却液流动空间。再次,当冷却液进入 C 形环形槽时,为避免冷却液的浪费及提高冷却效果,密闭空间的建立是很有必要的,因此需要进行密封设计。因为是常压冷却,选用普通 O 形圈即可,其中 O 形圈型号选择、沟槽设计等参考本书密封结构的设计,不再赘述。最后,为保证形成循环冷却设置,两端冷却结构需进行串联连接。冷却进、出口的内螺纹加工成马牙扣,并用快速接头连接两端冷却结构。

利用 SolidWorks 软件建立三维模型,循环冷却结构如图 5-16 所示。

图 5-16　循环冷却结构

### 5.1.4.4　端部结构 CAD 设计

旋转轴与机筒的结构尺寸明确了端部结构设计的有效空间,密封结构和轴承支承结构分别与连接部件的公差配合确定了端部结构尺寸,从而完成端部结构的设计。为保证轴承工作环境不受机筒内介质的影响,须将密封结构置于机筒内腔端(轴承支撑结构位于密封结构后部)。依据机筒结构设计特点(一端开式),端部结构分为首端结构和末端结构。

输送机设计装配顺序:装配完成叶片转子旋转轴—将叶片转子旋转轴从末端装入机筒—将末端结构装入机筒—将密封结构装入末端结构—将轴承装入末端结构—安装末端循环冷却结构—上紧螺栓—将密封结构装入首端结构—将首端结构安装到机筒上—将轴承装入首端结构—安装首端循环冷却结构—上紧螺栓—装配结束。

(1)末端结构。

依据输送机装配顺序及相关部件尺寸配合要求,进行末端结构设计,末端结构如图 5-17 所示。

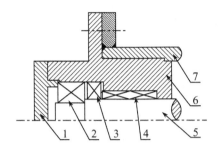

1-循环冷却结构,2-调心滚子轴承,3-压盖,4-密封结构,5-叶片转子旋转轴,6-首端结构,7-机筒

图 5-17　末端结构

（2）首端结构。

为了保证筒体与旋转轴的同轴度,并减少高压焊接引起的受热变形,机筒首端为闭式结构。密封结构安装到机筒首端,首端结构通过螺栓与机筒连接,而轴承则放置在首端结构中。首端结构如图 5-18 所示。

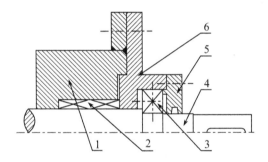

1-机筒,2-密封结构,3-深沟球轴承,4-叶片转子旋转轴,5-循环冷却结构,7-首端结构

图 5-18　首端结构

### 5.1.5　输送机 CAD 设计

利用 AutoCAD 软件进行端部结构图纸设计,并用 SolidWorks 建立三维模型,结合轴和机筒的模型,完成了整套旋叶式输送机的模型,其装配体的三维模型,如图 5-19 所示。

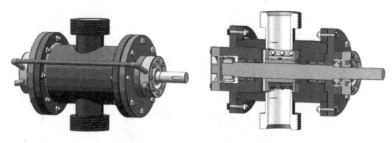

图 5-19 旋叶式输送机三维模型

## 5.2 粒子冲击钻井回收系统

粒子冲击钻井回收系统是对井下返回的粒子与岩屑混合物进行筛选、存储,并在需要时向粒子高压注入装置中输送粒子的系统,是粒子冲击钻井中至关重要的一环,回收系统分离粒子与岩屑的能力是衡量粒子回收系统的一个重要标准。在粒子冲击钻井的发展中,回收系统也进行了许多发展与改进,包括筛选粒子的原理及设备、工艺流程等。

### 5.2.1 回收系统方案设计

在日常生活中,在公路上随处可以见到运输水泥的罐车。配置好的水泥浆在运输过程中其存储装置需要使其保持运动从而不至凝固,在运输到目的地后同时储存装置又可以将罐中的水泥输出,旋转的水泥罐车完美地解决了这两个问题。受此启发,本书将旋转罐用于粒子冲击钻井回收系统中,旋转储罐可以正转和反转,其内部有螺旋叶片,在内部叶片的作用下,一般情况,正转时,叶片带动物料向上运动,使物料排出;反转时,叶片带动物料向下运动,使罐体内部的物料持续运动,以达到搅拌的目的。将旋转储罐作为粒子回收系统的存储装置,可以解决静止双罐式带来的问题,旋转储罐不但可以稳定、均匀、快速的输出粒子,而且可以通过搅拌使粒子保持运动而不易结块。因此,本套粒子钻井回收系统采用旋转储罐作为粒子的存储装置。

粒子与岩屑的混合物经过振动筛排出后,需要由动力设备将其输送至分离设备中进行粒子的分离。常用的输送系统有机械输送方式和流体介质输送方式等,机械输送有螺旋输送机、传送带、斗式提升机等,机械传送方式优点是输送量均匀、稳定,缺点是输送距离短、磨损严重;流体介质输送是利用泵出的液体进行携带的方式,其优点是用管线进行输送,可以进行远距离输送,缺点是需要进行流体与固体的混合,且不能接受太大混合量。考虑到井场面积较大且设备多而复杂,机械设备适用于输送传动距离较近的物料,不适用于经常上远距离的物料输送;而流体介质输送不能使粒子与岩屑混合物均匀的输送至分离装置。因此,在粒子与岩屑混合物的输送设备选择上采用机械传送与流体传送相结合的方式,使用传送带、射流混浆器与砂泵管路,利用传送带使混合物均匀的进入射流混浆器,在射流混浆器中与钻井液混合,由砂泵管路提供循环钻井液将混合物输送至远处的分离装置。

回收系统的分离装置需要对粒子、岩屑及钻井液进行分离。在粒子与岩屑的分离方面,可以选择的设备有离心机、磁选机、振动筛等。离心机利用离心的方法筛选出密度不同的颗粒,磁选机利用磁性可以分离有磁性和无磁性的颗粒[7],而振动筛利用固相的大小进行筛分。若使用离心机,当有大密度的岩屑,则分离出的粒子可能会夹杂岩屑;若用振动筛,则无法分离与粒子大小类似的岩屑。因此在粒子分离设备选择上应用磁选机,利用磁性将粒子与岩屑进行完全分离。在岩屑与钻井液分离方面,根据钻井经验,选择振动筛作为分离设备。

### 5.2.2 粒子旋转储罐设计

#### 5.2.2.1 概述

旋转储罐式粒子回收系统是以旋转粒子储罐为主体的一套回收系统。从井口返上的粒子夹杂岩屑进入输送带,在砂泵泵出泥浆的输送下进入磁选机、振动筛组合,磁选机利用磁性将粒子筛选出来,筛选出的粒子进入旋转储罐,含有岩屑的泥浆进入振动筛,振动筛将岩屑筛除,泥浆进入泥浆池循环使用;粒子进入旋转储罐后,旋转储罐将回收回的粒子进行存储,通过旋转储罐的转动达到搅拌粒子的目的,使粒子不易结块,并通过旋转将粒子转出送入注入系统。回收系统包含许多关键设备,只有每件设备正常运行才能保证回收系统的功能得以顺利实现。其中粒子旋转储罐为整套回收系统的核心部件,它的正常运行是保证粒子回收与输送粒子的功能的基础。

在粒子冲击钻井中,粒子的回收与输送是同时进行的,这就要求旋转储罐满足粒子回收与输送的连续性工作,在粒子回收进入旋转储罐的同时,旋转储罐要将储存的粒子输送至注入系统。因此,旋转储罐是粒子回收系统的核心部件,为了满足粒子冲击钻井粒子回收与输送的需求,需要对旋转储罐进行研制和试验。

旋转储罐采用固定倾角斜置的外筒,与建筑行业用的水泥搅拌筒类似,但建筑行业用的水泥搅拌筒只能单一的进料或者出料,不能在粒子进入的时候同时输出粒子,因此,粒子冲击钻井所用储罐为特殊设计的粒子旋转储罐,它满足粒子回收与输送的连续性工作,图 5-20 为粒子旋转储罐系统的三维设计图:

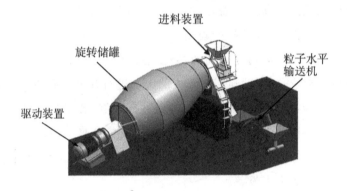

图 5-20   旋转储罐系统三维设计图

### 5.2.2.2　外筒的设计

根据常用混凝土搅拌车的经验,外筒采用固定倾角斜置、反转出料的梨形结构。如图 5-21 所示,整个搅拌筒为变截面而不对称的双锥体,中部的圆柱体直径最大,向两端对接着一对不等长的截头圆锥,底面的圆锥较短,端面为封闭状,在底端面上安装着中心支撑轴 11,上端锥较长,中部与上部过渡部分有焊有一条环形滚道 13,滚到下部有支撑滚轮用来支承搅拌筒的转动。搅拌筒通过环形滚道和中心轴倾斜卧置于机架上的一对支承滚轮和调心轴承所构成的三点支承结构上。

根据搅拌机械的设计准则,在旋转储罐筒体的设计中,储罐的几何容积与最大装载容积的计算公式为

$$\frac{V}{V_1} \leqslant 0.5 \sim 0.65 \tag{5—16}$$

式(5—16)中：$V$——指旋转储罐的设计的最大可装载容积；

$V_1$——指搅拌筒的几何容积。

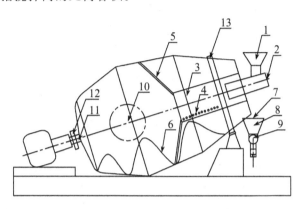

1-进料漏斗；2-导向筒；3-筛桶；4-筛孔；5-支撑架；6-叶片；

7-筛网；8-输送机漏斗；9-螺旋输送机；10-检修口；11-中心支撑轴；12-调心轴承。

图 5-21　外筒设计图

在设计旋转储罐容积时，需要考虑回收系统中粒子储备量的需求，因为注入装置为两个容积为 2 m³ 的高压容器，因此旋转罐必须具有在短时间内将 2 个高压注入容器注满粒子的能力，旋转储罐最小装载容积应为 4 m³；考虑到井场发电功率限制，选择 18.5 kW 电机，在该功率电机的驱动下，考虑到粒子堆积密度较大会增影响储罐稳定性，因此旋转储罐的设计最大装载容积应越小越好，考虑到粒子的损失等原因，应留有一定的体积余量，因此储罐设计容积为 5 m³，即 $V=5$ m³，根据公式计算得出，$V_1=7.8$ m³，即旋转储罐的几何容积为 7.8 m³。

确定旋转储罐几何容积后，根据设计准则设计搅拌筒壳体中部的最大直径、搅拌筒口处的直径、搅拌筒顺轴线方向的长度、上部截锥体的锥顶角以及搅拌筒的斜置长度。表 5-11 为旋转罐壳体控制几何参数的设计参考[92]：

表 5-11　旋转粒子储罐与常规混凝土罐外筒参数对比表

| 参数 | 制约因素 | 设计参考 |
| --- | --- | --- |
| 旋转罐的倾斜角度 | 额定装载容积、搅拌工况、输送性能、旋转罐支撑点的载荷均匀性 | 与装载容量成反比，一般 $10°\sim 20°$ |
| 截锥体的锥顶角 | 搅拌性能、输出性能、罐体长度 | 控制在 $15°\sim 20°$ |
| 中部最大直径 | 旋转罐的工作性能与装载量 | 一般为 2000 mm |
| 旋转罐沿轴线方向长度 | 装载量、中部最大直径、锥顶角、斜置角度 | 计算或绘图求得 |
| 旋转罐筒口直径 | 装载容量、卸料速度、反转速度 | 计算或绘图求得 |

　　经查询搅拌机械设计手册，得知常用混凝土搅拌罐的斜置角度为 $16°$，由于粒子的密度较大，综合考虑其与钻井液混合后黏性较大、流动性较差，故将旋转罐的斜置角度定为 $17°$，增大其下落时的速度；截锥体的锥顶角应略小于旋转罐的斜置角度，设计定为 $15°$；中部圆柱体的最大直径根据混凝土搅拌筒设计准则，定为 2000 mm；根据运输、场地限制等因素的影响，将整个旋转罐的长度定为 4 m，宽度定为 2.2 m；利用 Auto CAD 作出粒子旋转罐的平面图，并测量其他尺寸；旋转罐沿轴线方向的长度经测量为 3500 mm。

　　旋转储罐作为粒子的存储装置，在粒子钻井过程中，由于旋转储罐中不断有粒子进入和输出，储罐外筒壁受到粒子冲击和磨损作用，所以在外筒壁材料的选择中要选用抗压、抗磨的材料，本书选择锰钢作为旋转储罐筒壁的材料，外筒内壁焊有螺旋叶片，用于粒子的输入和输出。旋转储罐多用于混凝土的存储，而粒子的堆积密度为混凝土密度的 2 倍，因此在设计旋转储罐时，为增加其强度，要适当增加外筒的厚度。表 5-12 为旋转储罐与混凝土搅拌罐参数表：

表 5-12　旋转粒子储罐与常规混凝土罐外筒参数对比表

| 名称 | 物料密度（g/cm³） | 外筒厚度（mm） | 倾斜角度（°） | 容量（m³） |
|---|---|---|---|---|
| 常规混凝土罐 | 2.5 | 4～5 | 16 | 6～10 |
| 旋转粒子储罐 | 4.8 | 6 | 17 | 5 |

旋转储罐外筒轴端连接驱动系统，储罐底座前端有滑轮槽，滑轮槽上的滑轮支撑外筒，外筒在驱动系统带动下旋转，通过内部叶片随外筒的旋转实现粒子的进入与输出。

旋转储罐内附着螺旋叶片，其作用时通过转动使物料输入或输出，是控制粒子进入及输出的关键部件。常用的搅拌筒内叶片曲线主要有两种形式，即阿基米德曲线和对数螺旋曲线，两种曲线形状如图 5-22 所示：

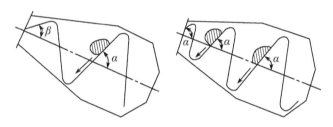

图 5-22　阿基米德曲线与对数螺旋曲线

对数螺旋线又称为等螺旋角螺旋线或等升角螺旋线，它的螺距不断是变化的，螺旋升角是指通过螺旋线上的一个点的圆锥截面圆的切线与螺旋线切线的夹角，其用 $\delta$ 表示[9]；螺旋角是指圆锥面母线与螺旋线切线的夹角，其用 $\beta$ 表示[10]。旋转罐的对粒子的搅拌能力和输出粒子的能力与螺旋线的螺旋角和螺旋升角相关，其中 $\delta + \beta = 90°$[9]。

将原点设为圆锥小端的圆心 $O_1$，以此建立空间直角坐标系，其中 $Z_1$ 轴为圆锥的中轴线，$X_1 O_1 Y_1$ 面为过原点 $O_1$ 与圆锥小端平面平行的面，如图 5-23 所示。对数螺旋线的曲线参数方程为[11]

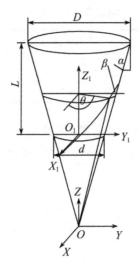

图 5-23 对数螺旋曲线

$$x_1 = d\cos\theta e^{\frac{\sin\alpha}{\tan\beta}\theta}/2 \tag{5—17}$$

$$y_1 = d\sin\theta e^{\frac{\sin\alpha}{\tan\beta}\theta}/2 \tag{5—18}$$

$$z_1 = d(e^{\frac{\sin\alpha}{\tan\beta}\theta} - 1)/(2\tan\partial) \tag{5—19}$$

$$0 \leqslant \theta \leqslant \theta_{\max} \tag{5—20}$$

式(5—17)~(5—20)中,$\alpha$ 为前锥的半锥顶角,$\theta$ 为螺旋转角,螺旋线在圆锥台上的螺旋转角范围为:$\theta_{\max} = \dfrac{\tan\beta}{\sin\alpha}\ln\left(\dfrac{D}{d}\right)^{[9]}$。若筒体的几何参数和螺旋角已经确定,则螺距随各截面处的直径变化成相应的正比变化[9],变化规律如下公式:

$$P = \frac{de^{\frac{\sin\alpha}{\tan\beta}\theta}}{2\tan\alpha}(e^{\frac{2\pi\sin\alpha}{\tan\beta}} - 1) \tag{5—21}$$

阿基米德螺旋线又叫作等螺距螺旋线,它的螺旋角是变化的[10]。以圆锥顶点为原点 O,将圆锥中轴线作为 Z 轴,以过定点 O 与圆锥小端平面平行的 XOY 面建立坐系[9],如图 5-24。阿基米德螺旋线参数方程为

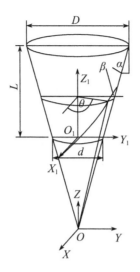

$$图 5\text{-}24 \quad 阿基米德曲线$$

$$x = a\theta\sin\alpha\cos\theta \tag{5—22}$$

$$y = a\theta\sin\alpha\sin\theta \tag{5—23}$$

$$z = a\theta\cos\alpha \tag{5—24}$$

式(5—22)~(5—24)中:$a$ 是常数,$\theta$ 为螺旋转角。螺旋转角的变化规律为 $\cos\beta = \dfrac{1}{\sqrt{1+\theta^2\sin^2\alpha}}$,螺距可以表示为 $P = 2\pi a\cos\alpha$。因此,螺旋角是从圆锥小端向圆锥大端递增的。有螺旋角公式得:$\theta = \tan\beta/\sin\alpha$。如果知道圆锥小端螺旋角 $\beta_0$,则螺旋线在图中所示的圆锥台上的螺旋角范围为 $\theta_{\max} = (D-d)\tan\beta_0/d\sin\alpha$,常数 $a = d/2\tan\beta_0$[103]。

　　阿基米德螺旋线结构是螺距不变螺旋线,加工方面较为容易,但是它的螺旋升角随罐筒横截面直径的变化而改变,由罐筒的中部至出料口,螺旋线与搅拌同轴线形成的下滑角逐渐变小,增加了粒子进出的难度。对数螺旋曲线的螺旋升角不变,其螺距随直径的改变呈现正比变化,因为对数螺旋曲线的叶片,可以兼顾搅拌和输出粒子的性能要求,因此选择该种曲线来制造旋转罐内部叶片。

### 5.2.2.3 动力系统的设计

常用的混凝土搅拌系统的传动系统一般有两种方式:机械式传动系统和液压—机械式传动系统[93]。机械传动系统是通过电机带动罐体转动,液压—机械式传动系统是指通过电机带动液压马达,由液压系统控制旋转储罐的转动。目前多采用后一种传动方式,因为液压系统的稳定、可控性高等诸多优点,全液压式传动以后也将会获得应用。

考虑到稳定性以及控制精度等因素,旋转式粒子储罐采用液压-机械式传动系统。液压与机械组合的传动相比与全机械传动系统来说,其运行更加稳定、控制更加精确,它的特点是通过液压传动部分调速,利用机械传动部分减速,整个传动系统的基本形式为:电机—取力装置—液压泵—控制阀—液压马达—齿轮减速器—链传动—旋转罐[93]。

液压系统分为开式液压系统和闭式液压系统,选用闭式液压系统作为旋转储罐的控制系统,调整液压系统中的流量来实现旋转储罐的双向无级调速,从而控制粒子的进入与输出速度。旋转储罐液压系统由电机、油箱、液压马达、柱塞泵组成,其中液压管路分为主油管、补油管和卸油管。通过实现液压油在两条主油管中的流动方向和流量来实现储罐的正反转和速度的改变,通过补油管对液压马达中进行油量补充,剩余的液压油由卸油管返回油箱。通过液压马达控制储罐正转时,在叶片的推动下,粒子向下运动,使粒子得到搅拌,从而可以防止凝结成块的粒子在储罐中出现;储罐反转时,粒子在叶片的作用下不断向上运动,粒子从储罐中输出,完成粒子的出料过程。考虑到扭矩等问题,电机功率应尽量选大,但由于井场功率限制,最终旋转储罐电机功率选用 18.5 kW,设计旋转储罐额定的无级调速范围0~14 r/min。

旋转储罐可以通过闭式液压系统的无级调速来控制其转动的速度,以此来控制粒子搅拌和输出的速度,旋转储罐速度的控制并不是随意的,在第二章中介绍了回收系统的设计原则,计算了粒子的注入量。在此,旋转储罐在回收和输出粒子时也有其设计准则,即旋转储罐需要在规定时间内将高压注入装置中粒子补充完整,下面将对旋转储罐的回收速度和输出转速进行计算。

粒子在钻井液中的含量按体积浓度计算,一般粒子在钻井液中的体积浓度在 1%~3% 之间。根据静止双罐式现场试验的情况,取粒子浓度为 $C=1\%$,钻井液流量为 $Q=30$ L/s,注入装置为两个高压容器,每个高压容器容量 $V=2$ m³,两个高压容器接替工作。粒子的体积流量为

$$Q_p = QC \tag{5—25}$$

式(5—25)中:$Q_p$——粒子的体积流量,m³/h;

$C$——粒子在钻井液中所占的体积浓度,%;

$Q$——钻井液的流量,m³/h。

将 $C=1\%$,$Q=30$ L/s 带入式(5—25)得:

$$Q_p = 1.08 \text{ m}^3/\text{h} \tag{5—26}$$

故旋转储罐回收粒子的体积流量为 1.08 m³/h。

假定粒子在循环过程中没有损失,即粒子注入流量与回收流量是相等的,由注入系统每个高压容器向高压钻井液管汇中注入粒子的时间为

$$t = \frac{V}{Q_p} \tag{5—27}$$

式(5—27)中:$t$——每个高压容器全部注完粒子所需时间,h;

$V$——每个高压容器体积,m³;

$Q_p$——粒子向管汇中的输送速度,m³/h。

将 $V=2$ m³,$Q_p=1.08$ m³/h 带入式(5-27)计算得:

$$t = 1.85 \text{ h} \tag{5—28}$$

由式(5—28),得到注入系统中高压罐内全部粒子注入钻井液管汇所需的时间为 $=1.85$ h,当一个高压罐向钻井液管汇中注入粒子时,另一个高压罐需要及时补充粒子,即在一个高压罐向井下注入粒子时,旋转罐要将另一罐内注满粒子。考虑到其他原因等,要留有一定的时间余量,将旋转罐向高压罐注入粒子时所需的时间取时间系数 1.8。由此,得到旋转储罐向注入系统中高压容器注入粒子时间为

$$t_0 = \frac{t}{1.8} = \frac{1.85}{1.8} \text{ h} = 1.03 \text{ h} \tag{5—29}$$

由此,可计算旋转储罐向高压容器注入粒子的速度为

$$v=\frac{V}{t_0}$$ (5—30)

式(5—30)中:$v$——旋转储罐向注入系统注入粒子的速度,$m^3/h$;

$V$——每个高压容器体积,$m^3$;

$t_0$——旋转储罐向高压容器注入粒子时间,$h$。

将 $V=2\ m^3$,$t_0=1.03$ 带入上式中:

$$v=1.94\ m^3/h$$ (5—31)

已知旋转粒子储罐每转可输送粒子的体积为 $0.01\ m^3$,即 $V_0=0.01\ m^3/r$,故可计算旋转储罐的输送转速为

$$n=\frac{v}{V_0}$$ (5—32)

式(5—32)中:$n$——旋转储罐的输送转速,$r/h$;

$v$——旋转储罐向高压容器注入粒子的速度,$m^3/h$;

$V_0$——旋转储罐每转可输出粒子量,$m^3/r$。

将 $v=1.94\ m^3/h$,$V_0=0.01\ m^3/r$ 带入式(5—32)中,得到:

$$n=194\ r/h=3.23\ rpm$$ (5—33)

计算得出旋转储罐的输出转速应为为 3.23 rpm。

旋转储罐转速越高,输出粒子的速度也就越快,故此转速为旋转储罐的最低转速;粒子从旋转储罐中输出后需要由射流混浆器混入钻井液中,由循环的钻井液携带到达高压注入装置,因此射流混浆器混合粒子的能力是限制旋转储罐最高转速的主要因素。在这里本书先不进行计算旋转储罐的最高转速,在测试射流混浆器的携带能力后再计算。

### 5.2.2.4 进料系统与出料系统的设计

粒子经过磁选机与岩屑分离后,依靠重力落入旋转储罐中进行储存。旋转储罐内粒子的进料系统由漏斗、导向筒、筛桶及支撑架组成,漏斗与导向筒连接在外筒壁上。由于回收系统的需要,旋转储罐需要同时实现输出粒子和进入粒子的功能,故在内筒中部设计筛桶,筛桶上附有可以让粒子落

下的小孔,当旋转储罐为反转输出粒子状态时,通过漏斗进入的粒子便可以落入筛桶中,经过筛桶均匀落入旋转储罐内,实现粒子的同时进入与输出。由于筛桶通过支撑架连接在内筒的叶片壁上,筛桶随外筒一起旋转,筛桶上分布着直径为 10 mm 的小孔,导向筒直径 273 mm,筛桶直径 300 mm,为了探究粒子在筛桶上的下落性,后面将会进行探究试验。

当粒子钻井开始时,粒子通过高压注入装置注入至井底,随后在钻井液的输送下上返,返上的粒子持续不断的进入旋转储罐,在此过程中,旋转储罐的粒子进入是持续进行的,即在粒子钻井过程中,旋转储罐在不断地回收粒子。当需要向高压容器内补充粒子时,旋转储罐通过反转将粒子输出,从而完成对高压容器内粒子的补充;当旋转储罐不需要向高压容器补充粒子时,便进行正转,实现对粒子的搅拌,防止粒子结块。

因此旋转储罐的工作过程分为两种:一是边进磨料边输出磨料,二是只输入磨料而不输出磨料。第二种情况下比较简单,粒子从进料漏斗进入导向筒,后由筛桶进入旋转储罐中,旋转储罐正转会将进入的粒子旋入罐体下部进行搅拌储存;而当第一种情况时,因为储罐反转,叶片会将刚刚进入的粒子输出罐体外,所以特别设计了筛桶,上面的筛孔会使 1~3 mm 粒子均匀地落在罐体的上中部,从而完成均匀出料。

通过旋转储罐反转,粒子在叶片转动的带动下输出,旋转储罐虽然为无级调速,但旋转储罐每转输出粒子量较大,难以实现输出粒子量的精确控制,从而可能导致射流混浆器的堵塞等问题,为了解决该问题,在旋转储罐出料漏斗的下方设计了水平螺旋输送机,以此来实现粒子输送量的精确控制。常压螺旋输送机含有一个接料漏斗,其体积设计为 0.6 m³,由电机带动,设计输送速度为 4 m³/h。储罐出口出安放螺旋输送机,输出的粒子落入螺旋输送机接料斗,通过其螺杆的旋转将粒子输送至射流混浆器中,实现粒子稳定、均匀的输送。在其接料漏斗的中,设计筛网筛除较大的结块粒子,以防其进入井底后堵塞钻头。

### 5.2.3　输送带的设计

#### 5.2.3.1　输送机的种类

在常用的输送机械中,一般分为有牵引件输送机和无牵引件输送机两类。

有牵引件输送机主要的结构特点为直接利用牵引件(如输送带)或与牵引件相连的承载构件来运输物料,牵引件一般安装在输送机转动的滚筒或链轮上,首尾相连形成一个闭合环路,根据输送的方向及牵引件运动规律,闭合环路分为不装载物料的无载分支和装载物料的有载分支。有牵引件输送机由于结构简单、输送效率高等优点被广泛用于生产和生活中(如扶手电梯),其种类多种多样,一般常用的有牵引件输送机包括带式输送机、板式输送机、漏斗式输送机和漏斗式提升机等。

有牵引件输送机具有明显的装载物料的机构;而无牵引件输送机没有装载物料的机构,其种类和形式各种各样,所以输送部分对应的部件也是各有各的形式。常用的无牵引件输送机通常分为两大类,一类输送机的输送部件是通过部件的旋转或者往复运动来实现输送功能。第二类是通过流体介质来进行物料输送的方式。

输送机达到的功能是将粒子与岩屑输送至射流混浆器,距离不算长且无须提升等,故选用有牵引式输送机中的带式输送机。带式输送机在工作的过程中,皮带紧贴在辊子上依靠其与辊子的摩擦力产生运动,物料放置于皮带上,因此达到输送的目的,带式输送机属于一种摩擦式输送机[15]。带式输送机中皮带及辊子的长度决定了其输送距离,因此在设计过程中,应根据输送距离来设计输送带皮带及辊子长度;带式输送机适用的输送物料可以是固体也可以为固液混合物,在设计中要根据物料的状态和种类设计皮带的形状;皮带输送机可以实现进行水平输送功能,也可以进行一定斜度的输送,为加强物料在输送带的稳定性,可以在皮带上设计为花纹结构增大摩擦力。带式输送机结构简单、输送方式多样,可以满足不同输送工况,因此带式输送机常与其他输送方式或方法构成配套系统,形成稳定、高效、量大的流水线运输系统[16]。带式输送机的工作环境具有多样性,不受其他条件限制,可以用于室外和室内等,在设计中只需考虑尺寸限制要求,因此带式输送机具有广泛的应用性。

通用带式输送机的主要组成部件为输送带、托辊、滚筒及驱动、制动、张紧、改向、装载、卸载、清扫等[97]。下面主要介绍带式输送机两个重要的部分,皮带与托辊。

目前应用较多的带式输送机,其皮带大多由两种材料制造而成,即橡胶制造的橡胶带和塑料制造的塑料带[18]。皮带材料的选取是根据带式输送机的工作环境决定的,不同材料的皮带适用于不同的工作环境。对于橡胶带来说,其可适用的工作温度为 $-15℃ \sim 40℃$,具有较强的温度适应能力,但橡胶带输送物料时的倾角不宜过大,最大倾角仅仅为 $24°$[99];相比于橡胶带来说,塑料带适应温度变化的能力较差,其不能一直处在外界的工作环境中,但是塑料带可以耐酸、耐碱,有较强的耐腐蚀性,因此在选择皮带时要根据工作环境适当选取。

托辊的作用是带动皮带运动,从而间接输送皮带上的物料[20]。托辊的数量是根据工作情况而定的,可以为一辊亦可以为多辊,一般来说,托辊的数量越多,带式输送机的工作就越稳定。托辊的形状及定位决定皮带的位置,例如槽形托辊可以防止皮带的纵向移动,保证带式输送机输送稳定性,为了调整皮带位置使其位置保持居中则可以使用调心托辊。

### 5.2.3.2 输送带的参数设计

1. 在输送带设计时,需要遵循以下准则

(1) 安装位置。

输送带的作用是输送井队振动筛筛出的粒子与岩屑的混合物,将其从振动筛出口输送至射流混浆器的入口,以便与循环进行混合。了解输送带的作用后,便可以知道其安装位置,位于振动筛岩屑槽下方与射流混浆器之间,图 5-25 为钻井现场振动筛岩屑槽,输送带便安放在岩屑槽下方。

图 5-25　钻井现场振动筛岩屑槽图

（2）输送工况。

根据粒子钻井回收系统工况，输送带由岩屑槽输送至射流混浆器，无须提升或下降，因此采用水平方式输送粒子与岩屑混合物。由第二章粒子注入量及岩屑产生量可知，输送机的输送速度需要达到输送岩屑量为 3 t/h，粒子量为 15 t/h。

（3）输送带的尺寸要求。

为了更好满足粒子钻井回收系统需求，在了解粒子钻井试验区域后，作者对该区域井场实际情况进行了测量和观察后，测得该区域岩屑槽出口与地面的高度差约为 1.1 m，相邻两个岩屑槽之间的距离差约为 3.8 m，结合射流混浆器上方混合漏斗的宽度为 0.6 m。根据以上参数，优选输送带的外形尺寸，设计其长度为 4 m、宽度为 0.5 m、高度为 1 m。

（4）输送物的性质。

输送机输送的物料为粒子与岩屑的混合物，其中还掺混着少许泥浆，因此物料为由一定流动性和黏性的粒子、岩屑和泥浆的混合物。为防止混合物的流动造成粒子的损失和环境污染，输送带选用 U 形带，可有效防止混合物从边缘渗出。

2. 输送机的输送速度和功率的计算

（1）输送带的输送速度。

输送带的产量计算公式为[92]：

$$Q=60AV=60k(0,9B-0.05)V \tag{5—34}$$

式（5—34）中，$Q$——输送量，$\mathrm{m^3/h}$；

$A$——原料在皮带面上的截面积，$m^3$；

$V$——皮带速率，$m/min$；

$k$——常数（皮带装载角为 100 时，$k$ 取 0.0963）；

$B$——皮带宽度，$m$。

由输送带的选型参数可知，$Q=5\ m^3/h$、$B=0.5\ m$。将 $Q$ 和 $B$ 代入公式 (5—34)得到输送带的皮带速率为

$$V=2.2\ m/min \tag{5—35}$$

（2）输送带的功率。

输送带的功率为

$$N=N_1+N_2+N_3+N_4+N_5 \tag{5—36}$$

$$N_1=0.06\times f\times W\times V\times (L_1+L_0)/367 \tag{5—37}$$

$$N_2=f\times Q\times (L_2+L_0)/367 \tag{5—38}$$

$$N_3=\pm H\times Q/367 \tag{5—39}$$

$$N_4=0.0008\times SL \tag{5—40}$$

式(5—36)~(5—40)中，$N$——输送机功率，$kW$；

$N_1$——驱动无负荷功率，$kW$；

$N_2$——驱动负荷物所需功率，$kW$；

$N_3$——驱动倾角负荷所需功率，$kW$；

$N_4$——群板阻力消耗的功率，$kW$；

$N_5$——卸料器功率，$kW$；

$f$——滚轮的摩擦系数；

$L$——皮带中心距修正系数；

$L_1$——输送机主动轮至尾轮中心的水平距，$m$；

$L_2$——倾斜部分水平距，$m$；

$H$——倾斜部分高度，$m$；

$V$——输送带速率，$m/min$；

$SL$——群板长度，$m$；

$W$——驱动部分质量，$kg$。

查相关参数表得 $f=0.03$、$W=30$ kg、$L_0=66$ m。由 $L_1=4$ m、$L_2=0$、$H=0$、$V=2.2$ m/min、$SL=4$ m。因为本输送机没有配备相应的卸料机,因此其功率为0。将以上得到的数据代入公式得到了输送机的功率为

$$N=0.75 \text{ kW} \tag{5—41}$$

在完成输送机的选型和参数设计后,对其进行了样机加工,在安装时将其与射流混浆器进行组合安装,便于运输、安装,提高回收系统集成化程度,得到的样机如图5-26所示。

图 5-26  粒子输送带的实物图

### 5.2.4  射流混浆泵的设计

粒子、岩屑夹杂少量泥浆的混合物其进入输送带并由输送带混入循环泥浆管路时,因为混合物具有一定的黏性,若只采用简单的漏斗进行混合依靠混合物的重力下落进入管线则可能发生混合物堆积、堵塞的可能。在设计混合装置时,要考虑给予混合物辅助吸力的作用,使其更容易的混入循环泥浆中,解决堵塞问题。在流体力学中,利用文丘里管原理形成了一系列的混合装置,如射流混浆器、射吸泵,其原理是利用变径产生的速度变化在混合腔内产生负压,在负压的作用下,物料被吸入混合腔内与流体混合。其结构简单、稳定性高、具有高效混合的能力,在石油行业具有广泛的应用。在此,本书选择射流混浆器作为混合粒子岩屑混合物与泥浆的装置。

### 5.2.4.1 射流混浆器的结构及工作原理

射流混浆器在石油钻探现场有着广泛的应用,主要用于配置钻井液时固、液相与钻井液的混合。在配置或调节钻井液性能时,需要向泥浆罐中加入钻井液材料和化学药品,若直接将这些固相投入到泥浆罐中的话,钻井液是静止的,由于固相沉淀,加入的物质不能完全与钻井液混合,从而影响钻井液性能;在钻井现场遇到复杂情况如井喷、井漏等事故时,需要在短时间内配置所需的钻井液,故使用射流混浆器进行钻井液的配制,其能够高效的完成将固相与钻井液混合,射流混浆器的结构图如图 5-27 所示。

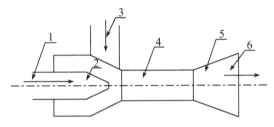

1-钻井液入口;2-喷嘴;3-粒子入口;4-混合腔(喉管);5-扩散管;6-混合液体出口。

图 5-27 射流混浆器的结构

射流混浆器的工作原理是,其是一种利用高速流体作为工作动力的流体机械和混合反应装置,本身没有运动部件,具有结构简单、混合性好、可靠性高和成本低的优点。钻井液从泵组出口沿压力管路进入射流装置,在喷嘴出口处由于射流和空气之间的黏滞作用,把喷嘴附近空气带走,由于伯努利原理,喷嘴附近产生真空,粒子与岩屑混合物在自身重力和大气压力的作用下进入混合腔(喉管)内,在混合腔内钻井液和粒子发生能量交换,钻井液将一部分能量传递给被粒子。钻井液流速减慢,被吸入的粒子速度加快,到达混合腔末端时钻井液和粒子的流动速度渐趋一致,混合过程基本完成。然后粒子与钻井液进入扩散管,在扩散管内流速逐渐降低压力上升,最后从排出管排出[21]。

### 5.2.4.2 射流混浆器的参数设计

在第二章中,计算了粒子钻井中粒子的注入速度为 0.9 $m^3$/h(4.32 t/h),产生岩屑量的速度为 0.2196 $m^3$/h(0.389 t/h),在假定情况下,不考虑粒子的损失,粒子的回收速度与粒子的注入速度一致为 0.9 $m^3$/h(4.32 t/h)。所以在设计和选择射流混浆器时,其将粒子与岩屑混合物混入钻井液的速度要大于粒子的回收速度和岩屑量的回收速度。

通过对射流器抽吸量计算公式的分析得到,在射流混浆器的结构确定以后,射流混浆器在单位时间内混合物料的体积是一定的,当混合物的密度越大时其混合的质量越大,混合物密度越小时其混合质量越小。由此,射流混浆器输送粒子的量可以借鉴已有的试验数据并用此种方法来计算得到。已知目前现有的射流混浆器的型号如表5-13所示。

表5-13　射流混浆器的型号参数表

| 型号 | SLH55 | SLH45 | SLH37 | SLH15 |
|---|---|---|---|---|
| 匹配砂泵 | SB8×6-13 (55 kW) | SB6×5-13 (45 kW) | SB5×4-14 (37 kW) | SB4X3-11 (15 kW) |
| 处理量 | 240 m³/h (1056 GPM) | 180 m³/h (792 GPM) | 120 m³/h (528 GPM) | 60 m³/h (264 GPM) |
| 工作压力 | 0.25~0.40 Mpa | | | |
| 进口通径 | 150 mm | 150 mm | 150 mm | 100 mm |
| 底流嘴通径 | 50 mm | 40 mm | 30 mm | 30 mm |
| 漏斗尺寸 | 750×750 mm | 750×750 mm | 600×600 mm | 500×500 mm |
| 配料速度 | ≤100 kg/min | ≤80 kg/min | ≤60 kg/min | ≤50 kg/min |
| 配液密度 | ≤2.8 g/cm³ | ≤2.8 g/cm³ | ≤2.8 g/cm³ | ≤1.5 g/cm³ |
| 配液黏度 | ≤120 s | ≤120 s | ≤120 s | ≤60 s |

上表中射流混浆器的部分参数,是以膨润土作为配料进行计算得到的,根据回收系统工况,初选射流混浆器的型号为SLH15。由膨润土的密度2.1 g/cm³,根据表中膨润土的最大配料速度,计算出混合膨润土时的体积流量:

$$Q_p = 50 \text{ kg/min} \div 2.1 \text{ g/cm}^3 = 1.43 \text{ m}^3/\text{h} \tag{5—42}$$

而抽吸的粒子和岩屑的体积流量为

$$Q_{ps} = 0.9 \text{ m}^3/\text{h} + 0.2196 \text{ m}^3/\text{h} = 1.1196 \text{ m}^3/\text{h} < Q_p = 1.43 \text{ m}^3/\text{h} \tag{5—43}$$

故选择的SLH15系列砂泵可以满足回收系统的需求,与其共同工作的砂泵电机功率为 15 kW,排量为 60 m³/h。完成对射流混浆器的选型与设计后,对其进行样机研制,如图 5-28 所示。

图 5-28　射流混浆漏斗的实物图

### 5.2.5　磁选机的设计

#### 5.2.5.1　磁选机的分离原理

磁选机是根据物质是否具有磁性来进行分离的,利用磁性与非磁性物质在磁选机中运动位移的不同,从而在磁选机的不同位置收集磁性与非磁性物质,达到分离的目的。磁选机中的磁性材料主要决定磁选机的分离效率,根据物料中颗粒受到的磁性不同可以分为三种类型,它们是铁磁性、顺磁性、抗磁性[102]。在颗粒上感应的磁化强度取决于颗粒的质量、磁性磁化率和应用磁场强度[103],通常用下式表示:

$$M = maH \tag{5—44}$$

式(5—44)中,$M$——磁化强度,$G_s$;

$m$——颗粒的质量,g;

$a$——特殊的磁性磁化率;

$H$——磁场强度,$G_s$。

磁选机的外形为一个滚筒,其内部大约 1/3 的范围放置着磁铁,为了提高永磁铁的磁梯度,在磁铁之间放置了一种钢极片(钢极片是一种可以提高磁铁磁性的部件),如图 5-29 所示。

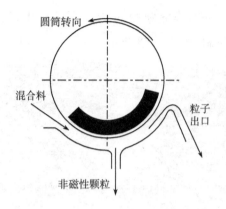

圆筒转向

混合料

粒子
出口

非磁性颗粒

图 5-29 磁选机的分离原理

## 5.2.5.2 磁选机的影响因素、选型原则

现实生活中,磁选机的种类有多种,一般通过以下几点因素来进行选型:

(1) 处理量(m³/h)。在实际使用需求中,磁选机的处理量可以提供一个磁选机选型的标准来供参考,其处理量决定了磁选机型号及大小的选择,一般磁选机有其固定的处理量,因此在选择磁选机时,主要以磁选机处理量来选择型号。

(2) 颗粒最大直径(mm)。磁选机的基本要求是要分离的物料粒径不能太大,不至于堵塞磁选机[23]。滚筒与槽体之间的间隙尺寸由分离颗粒的尺寸所决定,该间隙会随着入料粒度的增大而增大,当间隙增加时,粒子进入磁选机时磁体对粒子的吸力会大大减小,从而影响回收率。为了确保磁选机的回收效率,不会无限制的增加滚筒与槽体之间间隙的距离,因此粒子直径与磁选机回收率密不可分,在选择磁选机时,应考虑粒子尺寸对磁选机分离效率的影响。

(3) 入料浓度(%)。物料通过回收系统至磁选机时,如果固相含量过高,会增加物料的黏稠度,从而使得磁性介质更易被其他介质携带,不利于磁选介质被磁选机的磁铁吸附,进而导致磁选机的磁选功能大大减弱。因此,为了提高磁选机的回收效率,应该尽可能地降低物料输送过程中的固相含量及流体的黏度。磁选机选型原则如表 5-14 所示[100]:

表 5-14　磁选机选型原则表

| 矿石磁性 | 强磁性矿石/mm | 选择的设备 |
|---|---|---|
| 强磁性 | 5～350 | 磁滚筒 |
| | 0～5 | 干选筒式磁选机 |
| | 0～3 | 湿式筒式弱磁选机,磁力脱水槽,磁团聚重选机 |
| 弱磁性 | 0～40 | 干选感应辊式强磁选机 |
| | 0～2 | 干选感应盘式强磁选机 |
| | 0～0.4 | 湿选环式强磁选机 |
| | 0～0.1 | 高梯度强磁选机 |
| | 超细颗粒 | 超导磁选机 |

在粒子钻井现场中,试验所需的粒子是直径为 1～3 mm 大小的强磁性颗粒,流经磁选机的液体为混合的钻井液、岩屑及粒子。根据上表的选型原则,湿式的磁选机更适用于粒子冲击钻井试验。另外,强磁性的磁选机更有利于提高磁选机分离粒子的效率,使粒子循环利用。

### 5.2.5.3　磁选机槽体结构的选择

按照在磁选机内的流动方向及磁选机槽体的结构形式的差异,将常用的磁选机分为三类,即顺流型磁选机、逆流型磁选机和半逆流型磁选机[101]。

顺流型磁选机工作时,被分离物流入磁选机的方向与其滚筒转动方向一致,因此磁性物质被磁筒吸附随滚筒转动运动到另一侧,并由此排出;而非磁性的物质由于没有磁性,不会随磁筒转动,在进入磁选机后从底部排出。此类磁选机结构简单,待分离流体顺磁筒转动,流体与固相相对运动较弱。该类磁选机适用于分离 1～6 mm 的强磁性颗粒,由于磁筒与待分离流体相对运动速度较低,不适用于分离较细颗粒,其结构如图 5-30 中 a 所示。

逆流型磁选机工作时,待分离流体的进入方向与磁筒转动方向相反,待分离流体进入后,磁性物质由于磁性被磁筒吸住后向上运动,从入口处排出,而非磁性物质则由于重力作用落入磁选机底部后排出。此类磁选机结构也较为简单,待分离流体运动方向与磁筒转动方向相反,流体中固相颗粒与磁筒之间的接触面积增大,回收效率得到提高,其适用范围是直径为 0.6 ～1 mm 左右的强磁性颗粒,其结构如图 5-30 中 b 所示。

半逆流型磁选机,待分离流体进入磁选机时,待测流体被磁筒上的机构分离,其中一部分待分离流体磁筒转动方向进入而另一部分逆着磁筒转动的方向进入,这样流体在磁选机磁筒上运动一周后才得到分离,增大了固体颗粒与流体间的相对运动,使待分离流体的翻滚性增大,待分离物体中各相混合程度增大,同时,待分离流体进入磁选机时与磁体接触面积增大,这种方式大大提高了回收率,此类磁选机一般用于分离直径为 0 mm～0.5 mm 的磁性颗粒,其结构如图5-30中 c 所示。

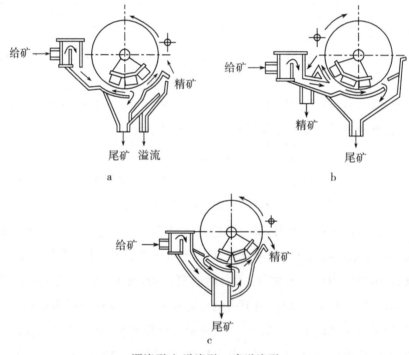

a-顺流型;b-逆流型;c-半逆流型。

图 5-30　磁选机三种槽体结构图

粒子钻井过程中采用的粒子 1～3 mm,粒子材料为钢制颗粒,比重较大,而磁选机在转动时速度较慢,粒子能否从底部转动到顶部是磁选机需要考虑的一个重要因素,粒子的大小关系磁选机运行稳定性好坏,因此经过综合考虑,选择顺流性磁选机。

### 5.2.5.4 磁选机的参数设计

在射流混浆器的设计中得到其配合砂泵的排量为 60 m³/h,由本书前面计算知道粒子注入体积流量为 0.9 m³/h,因此磁选机在设计时必须具备将射流混浆器加入的粒子与岩屑混合物分离的能力,同时适当留有余量,故设计磁选机的排量为 120 m³/h,分离粒子的速率达到 1.8 m³/h(8.64 t/h)。

根据排量,粒子量等参数,本书对磁选机型号进行了初选,磁选机的型号为 CTB—918 型,其参数如表 5-15,得知相关参数后试制磁选机样机如图 5-31。

图 5-31    CTB—918 型磁选机实物图

表 5-15    CTB-918 型磁选机的参数表

| 圆筒尺寸 | 处理能力 | | 电机功 | 筒体转速 | 机器总 |
|---|---|---|---|---|---|
| (筒径×长)mm | t/h | m³/h | 率/kW | /(r/min) | 重/kg |
| 900×1800 | 25～55 | 70～120 | 4 | 28 | 2900 |

在粒子冲击钻井现场试验时,为了使磁选机的磁选效果达到最优状态,应该选取一个最优的磁选机转速。如果磁选机的转动速度过慢,磁性物质无法依靠获得的速度排出,导致部分粒子留在磁选机内反复被筛选,降低回收率。如果磁选机的转动速度过快待分离流体中的磁性物质不能及时被磁筒吸附,造成粒子损失[115]。

因此,选择一个最优的磁选机转速是设计磁选机过程中的一个重要内容。目前在采矿行业中,磁选机的应用率较高,在石油行业中由于无需此类功能,磁选机的应用较少,因此本书在磁选机的设计中依照国外磁选机数据为参考。

用于粒子回收系统的磁选机,试验研究表明[116]:当粒子与岩屑混合物进入磁选机的体积流量为 2 L/S,其磁选机的转速为 250 r/min 时,粒子完全被磁选机分离出,且不含杂质。依据此资料数据,得磁选机的回收率为 99.58%;为了优选出磁选机的转速,又进行第二次试验,本试验的其他条件不变,只将滚筒转速减小一半,此时磁选机磁选出的粒子内含有较多的杂质,与第一次试验相比,磁选机的回收效率降低了 1%。通过试验对比,第一种磁选机的转速更适用于粒子冲击钻井的回收系统。

$$c = 2\pi R \tag{5—45}$$

则,$250 \times 2\pi R = 750$ feet/min

推出:$R = 0.476$ feet $= 0.145$ m,即磁铁滚筒直径为 $d = 290$ mm。

第一次试验中磁鼓的线速度为:750 feet/min $\times 0.3048 = 228.6$ m/min,已知已选磁选机型号 CTB-918 的滚筒直径为 900 mm,滚筒最大转速为 40 r/min,带入公式(5—45)可得,该型号磁选机的线速度为

$$v_c = 2\pi R \times 40 = 2 \times 3.14 \times \frac{0.9}{2} \times 40 = 113.04 \text{ m/min} < 228.6 \text{ m/min} \tag{5—46}$$

通过计算可知,已选磁选机的转速要远远小于试验所得的磁选机转速。尽管如此,仍可借鉴此设备来设计加工回收效率更高的磁选机。

### 5.2.6 振动筛的设计

#### 5.2.6.1 振动筛的种类

筛分所用的机械称为筛分机械(或简称筛子)[27],按照振动筛工作时的振动轨迹将其分为圆型振动筛、直线型振动筛和椭圆型振动筛。

目前国内外钻井现场主要应用的是直线型振动筛,直线型振动筛在粒子回收系统工作时会产生一种激振力,这种力可以使筛网做纵向振动,在惯性力的作用下,物料在筛面上运动一段距离,进而从筛孔中筛出。尽管直线型振动筛具有很强的处理能力,但是在黏性地层时容易糊筛网,大大降低了振动筛的筛分效果。根据油田中现场经验,平动椭圆振动筛工作时振动较为柔和,能够产生更好的去除固相能力、流体回收能力和更少的筛网磨

损[28]。平动椭圆筛为双轴强迫同步惯性振动筛,整个筛箱处于平动状态,它综合了直线筛和圆筛的优点[29]。

### 5.2.6.2　振动筛筛分效率的影响因素分析

振动筛的筛分效果与许多因素有关,其中包括物料性质、筛面结构参数、振动筛运动参数等方面[30]。本书从下面几个部分分析用于粒子钻井的振动筛。

#### 1. 物料特性

物料类型、物料松散密度、物料湿度和物料粒度组成等都是物料的一些性质,物料的特性严重影响振动筛的工作效率,其对振动筛效率的影响分为以下几个方面。

物料类型对振动筛振动分离的影响:如果物料具有较强的黏性,在筛选时容易附着在筛网上,使筛网堵塞,阻碍振动筛的振动分离,粒子钻井主要用于硬地层,产生的岩屑大多没有太强黏性,不会堵塞筛网。

物料的松散度对振动筛振动分离的影响:物料的松散度对振动筛的筛分效率具有重要的影响,物料越松散,就越容易被振动分离。粒子冲击钻井中所用的粒子,经过加速后冲击破碎岩石,与常规钻井方式相比,得到的岩屑颗粒较大,也较分散,振动筛可以很好地将它们分离。

物料粒度组成对振动筛振动分离的影响:物料相对粒度为无量纲量,是指物料粒度直径与振动筛筛网孔眼直径的比值。物料相对粒度越小,物料越容易穿过筛网,反之则不易于穿过筛网。若物料相对粒子约接近 1,颗粒则越难通过筛孔,筛分机械中把相对粒度等于 0.7~1 的物料称为难筛物料或临界物料[115]。

#### 2. 筛面结构参数

（1）筛面长度与宽度。

一般情况下,筛面宽度和处理量,筛面长度和筛分效率关系都很密切,即筛面宽度和处理量呈正比关系,筛面长度和筛分效率呈反比关系。这与筛面长度和物料停留在筛面上的时间长短都有关。事实上,筛分效率和筛面宽度,处理量和筛面长度之间也有一定的关系,通常,长宽比为 2~3[110]。

（2）筛孔形状。

常见筛孔的形状有圆形筛孔、方形筛孔、长方形筛孔三种，筛孔的形状不同对振动筛的工作效率影响较大。如果筛孔的名义尺寸都相同，则圆形筛孔透过能力比其他类型筛孔的透过能力要小[110]。例如透过圆形筛孔颗粒的平均最大粒度只有透过同样尺寸的正方形筛孔颗粒的 80%～85%[111]。Hoberock 和 Cagle 等人通过试验研究表明，筛网的液体透过率可以较好地体现筛网液体的处理能力，对比来说方形颗粒的分离能力较强，在 PID 技术中，振动筛的主要作用是分离粒子与岩屑及其他杂质，故本书选用正方形筛孔振动筛。

3. 筛面运动参数

筛面主要有筛面倾角和振动筛振动的振动方向角两个运动参数。筛面倾角大小是影响振动筛处理量的一个重要参数，物料在振动筛的运动速度随着倾角的增大而加越快，筛面倾角过大时会导致钻井液跑浆严重，筛面倾角较小时就不会出现钻井液跑浆现象，而且透筛率较高。振动筛的振动方向角也严重影响着振动筛的透筛率，通过试验分析可以确定振动方向角的大小。

### 5.2.6.3　振动筛的参数设计

通过上述分析可知，射流混浆器通过抽吸作用将现场振动筛分离出的固相输送到磁选机中。砂泵的排量为 60 $m^3/h$，即固相通过磁选机分离出粒子以后，岩屑和钻井液的流量大约为 60 $m^3/h$。之后剩余的混合物流经振动筛，实现岩屑与钻井液的分离。因此振动筛的处理量需要大于 60 $m^3/h$。

通过回收系统方案可知，循环使用的钻井液与钻井现场的钻井液并未发生混合，它只在粒子回收系统的钻井液罐中循环，即粒子回收系统钻井液罐中钻井液与现场钻井液参数相符，可以满足现场粒子钻井的需要。

另外，粒子冲击钻井系统是针对硬地层和超硬地层的一种钻井技术，其过程中产生的岩屑量不大。综上所述：

（1）粒子回收系统中的磁选机磁选出粒子后振动筛分离出钻井液中的岩屑。

（2）钻井液循环排量不高，振动筛的处理量小。

（3）处理的岩屑量少。

（4）对处理后的钻井液性能要求不高。

通过对振动筛的一些处理要求及振动筛的分类，选择一种老式小型振动筛即可满足粒子冲击钻井中粒子回收系统的需要。经过实地考察选择了唐山澳捷固控的 AJS80-2 振动筛，实物图如图 5-32 所示，性能参数如表5-16所示。

图 5-32　振动筛实物图

表 5-16　振动筛性能参数表

| 型号 | 电机功率/kW | 筛网面积/m² | 振动强度/g | 处理量/l/s | 外形尺寸(m) |
| --- | --- | --- | --- | --- | --- |
| KZ-1 | 1.5 kW | 1.68 | <3 | 30 | 2.0×1.15×1.2 |

粒子回收系统的振动筛作用是去除钻井液中的岩屑，与钻井液的关系不大。因此选择筛网主要取决于岩屑的大小，常用 40 目筛网和 60 目筛网。

振动筛与磁选机加工完毕后，为了使粒子钻井设备安装时简化，集成化程度高。将磁选机与振动筛进行集成，两个振动筛分列在磁选机下方两侧处，磁选机位于中间上方，相应的管线连接好，图 5-33 为磁选机、振动筛组合实物图。

图 5-33　磁选机、振动筛组合实物图

### 5.2.7　泥浆罐与砂泵组的设计

根据选型结果,在旋转储罐式回收系统内部粒子输送时采用流体介质输送方式,为了与实际钻井保持一致,流体介质采用井队钻井用钻井液。在回收系统中,需要一个泥浆罐来容纳回收系统内部循环所需要的粒子,当然还需要设计砂泵,为钻井液的循环提供动力。

#### 5.2.7.1　泥浆罐的设计

泥浆罐采用传统立方体泥浆罐,在设计时易运输、容积大、占地少的原则对其进行设计。宽度在设计时采用限制运输的最大宽度 2200 mm,而长度在设计时,由于泥浆罐上方要放置磁选机与振动筛的组合,为了使占地面积尽量减少,长度与磁选机、振动筛组合长度基本保持一致为 5000 mm,考虑到满足系统循环所用的泥浆量以及其他因素,将高度定为 1600 mm,故泥浆罐几何体积 17.6 m³,经过实际加工去除壁厚等因素,可用容积为 14.1 m³。

当高压容器为两个交替为井下注粒子时,每个高压容器向井下注入粒子时,为了平衡压力,井队钻井液管汇中的钻井液会进入高压容器中。当高压容器中粒子全部注完时,高压罐内便充满了来自井队钻井液管汇的钻井液。当粒子回收系统向高压容器内补充粒子时,容器内的钻井液便通过平衡管汇回到回收系统的泥浆罐。这样,每个高压罐向井下注入完成,由回收系统向高压罐内补充一次粒子,泥浆罐内就会多出 2 m³ 高压罐内的泥浆。

泥浆罐内的钻井液量是随着粒子冲击钻井的进行而不断增多的,这样必须在泥浆罐上配备泵将过多的泥浆抽回井队泥浆罐,保持回收系统中泥浆量的稳定。除此之外,泥浆罐外侧设计有除砂口以及不同尺寸的泥浆出口,以满足不同泵的需求。图 5-34 为泥浆罐实物图。

图 5-34　泥浆罐实物图

在泥浆罐上方的四个角落有定位装置,以便磁选机、振动筛可以准确、快速的放置于泥浆罐上。

### 5.2.7.2　砂泵组的设计

为回收系统循环钻井液提供动力,根据静止双罐式回收系统经验,砂泵较渣浆泵来说工作稳定、效率高、不易出现问题,故旋转储罐式回收系统依然用唐山澳捷固控生产的 SB4X3-14 系列砂泵,流量 50 $m^3/h$,功率 18.5 kW,扬程 40 m。

旋转储罐式粒子回收系统中,共有两条循环管路需要砂泵提供动力,一是粒子与岩屑返回磁选机时的循环管路,二是旋转储罐内粒子向高压容器注入时的循环管路。第一条管路是在粒子钻井过程中一直循环的,而第二条管路是只有在旋转储罐向高压容器输送粒子时才会循环的。因此,至少需要两台砂泵才能满足工作需要,考虑到井场复杂性等因素,共为旋转储罐回收系统配备三台砂泵,其中一台作为备用泵。

为了简化工艺流程使集成化程度提高,将三台砂泵进行集成,采用并联连接方式将三台砂泵进行连接,用蝶阀组控制砂泵组的工作状态。通过砂泵组管路及蝶阀的控制,使得砂泵组中三台砂泵均可以满足回收系统中两种工况的需求,极大地提高了资料利用率。如图 5-35 为砂泵组实物图:

图 5-35　砂泵实物图

## 5.3　粒子冲击钻井钻头设计与加工

### 5.3.1　8-1/2″牙轮钻头设计加工

通过调研四川须家河地区硬脆、研磨性强、软硬交错地区地层钻测井资料,对比不同钻头的使用情况后,确定选择在江钻 8-1/2″HJT537GK 牙轮钻头基础上进行优化改进。

根据前节,牙轮钻头喷嘴设计为锥直型喷嘴,考虑到粒子射流冲蚀磨损较大,材质选用强度大、耐冲击、耐磨损的超细硬质合金 YG8。钻头在安装喷嘴时,由于喷嘴较长,无法用卡簧固定安装,经过对 HJT537GK 牙轮钻头的测量,结合喷嘴尺寸和角度,设计了钢套(图 5-36),与硬质合金喷嘴烧结焊接后(图 5-37),再焊接到牙轮粒子钻头上完成安装,也可起到保护硬质合金喷嘴、防冲蚀耐磨等作用。最后,通过电磨器进行修整,调整与牙轮牙齿的间距。喷嘴和钢套的制作实物以及烧结组装步骤如图 5-38 所示,最终加工完成的粒子钻井牙轮钻头如图 5-39 所示。

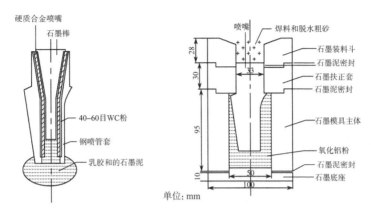

图 5-36  硬质合金喷嘴与钢套组装图    图 5-37  硬质合金喷嘴与钢套烧结焊接图

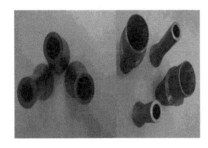

图 5-38  喷嘴组装步骤与实物图

图 5-39  粒子钻井牙轮钻头

### 5.3.2　8-1/2″PDC 钻头设计加工

PDC 钻头冠部轮廓设计根据中硬地层强度,采用直线-圆弧-抛物线组合,抛物线根据岩石性质采用短抛物线,能增加布齿数,冠部轮廓参数由下式计算:

$$b_1 = \int_{r_0}^{r} \sqrt{\left(\frac{r}{r_0}\right)^{2/n} - 1} \cdot \mathrm{d}r \qquad (5—47)$$

$$\begin{cases} \text{内锥:} y = kx + b \\ \text{冠顶:} (x - r_0)^2 + (y - R)^2 = R^2 \\ \text{外锥:} y = P_1(x - r_0)^2 + b_2 \end{cases} \qquad (5—48)$$

$$p_1 = \frac{(R + b_1) + \sqrt{(R + b_1)^2 + (r - r_0)^2 - R^2}}{2[(r - r_0)^2 - R^2]} \qquad (5—49)$$

$$b_2 = b_1 - p_1(r - r_0)^2 \qquad (5—50)$$

式(5—47)～(5—50)中:$b$——内锥深度;$P_1$,$b_2$——外锥抛物线参数;$r$——公称半径;$r_0$——冠顶半径;$b_1$——外锥高度。

钻头的冠部剖面轮廓设计示意图如图 5-40 所示。

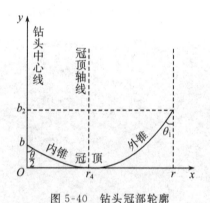

图 5-40　钻头冠部轮廓

PDC 钻头刀翼个数影响钻速和钻头使用寿命。一般硬地层时,考虑到钻头工作的稳定性和增加布齿数量的原则,相应的钻头刀翼个数增加,但刀翼的个数一般在 3～8 个。通过统计分析须家河组岩层的 PDC 钻头使用情况,确定钻头刀翼数计算经验公式:

$$B_n = -0.0001C_n^2 + 0.064C_n + 2.8894 \qquad (5—51)$$

式中：$B_n$——刀翼数量；$C_n$——切削齿个数。

计算得出 PDC 钻头刀翼个数为 4.7~6.8。因此，设计为 5 刀翼和 6 刀翼两种。

### 5.1.2.1　喷嘴加工

根据前面设计出的锥直型 PDC 喷嘴结构，考虑到钢粒子磨料射流冲蚀磨损较大，材质选用强度大、耐冲击、耐磨损的超细硬质合金 YG8。加工出的喷嘴实物如图 5-41 所示。

图 5-41　PDC 钻头喷嘴及硬质合金套实物图

### 5.1.2.2　8-1/2″五刀翼 PDC 钻头设计与加工

采用两主三副刀翼，主切削齿 $\Phi$19 mm，配合 $\Phi$13 mm；水眼 5 个，钻头加工时，需要进行表面强化处理（碳化钨堆焊、镀镍），五刀翼粒子 PDC 钻头设计结果如图 5-42、图 5-43 所示。钻头加工实物图如图 5-44。

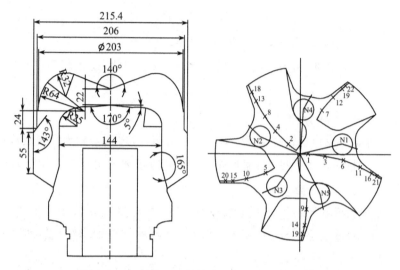

图 5-42   8-1/2"五刀翼钻头冠部轮廓及刀翼设计

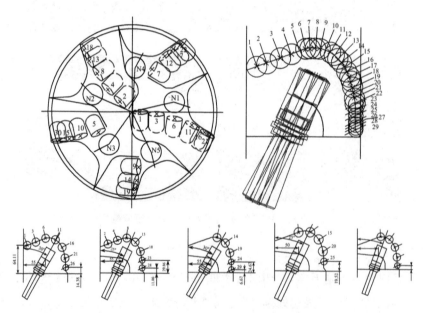

图 5-43   8-1/2"五刀翼钻头布齿及喷嘴设计

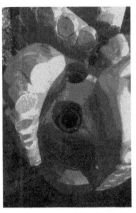

图 5-44　8-1/2"五刀翼钻头加工实物图

### 5.1.2.3　8-1/2"六刀翼 PDC 钻头设计与加工

采用三主三副刀翼,主切削齿 φ16 mm,配合 φ13 mm;水眼 6 个;钻头加工时,需要进行表面强化处理(碳化钨堆焊、镀镍),设计出六刀翼粒子 PDC 钻头如图 5-45、图 5-46 所示。钻头加工实物图如图 5-47。

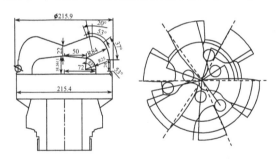

图 5-45　8-1/2"六刀翼钻头冠部轮廓及刀翼设计

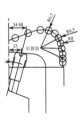
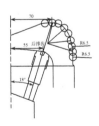
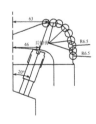

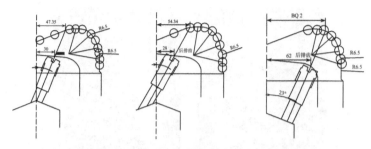

图 5-46  8-1/2"六刀翼钻头布齿及喷嘴设计

图 5-47  8-1/2"六刀翼钻头加工实物图

## 5.4  高压钢粒输送机输送试验

旋叶式输送机作为粒子钻井高压注入系统的核心设备,其工作状况将直接影响到粒子的注入效果。旋叶式输送机是将粒子注入高压钻井液中,工况的特殊性决定了该设备的输送效果以及工作的可靠性等都需要通过试验来进行验证。本章将利用一台加工的样机,依次进行常压空转试验、常压负载试验、高压静密封试验、高压空转试验、冷却运行试验以及整体运行试验,受限于试验条件,不能进行高压条件下的粒子输送试验。

### 5.4.1 试验装置及方法

#### 5.4.1.1 试验装置

考虑旋叶式输送机工况的特殊性,该设备主要进行常压试验和高压试验,常压试验又分为常压空转试验和常压负载(输送粒子)试验,而高压试验受限于当前试验条件,无法进行高压输送粒子试验,高压试验分为高压静密封试验、高压空转试验和冷却运行试验。依据试验类型将装置分为常压试验装置与高压试验装置两套。

常压试验装置主要包括:一台试验样机;一套试验支架;粒子料斗;一台电磁调速电机,型号 YCT160-4A,额定功率为 2.2 kw;一台电磁调速电动机控制器,型号为 JD1A-40;一台减速机,减速比为 1∶17;三条皮带(电机与减速机用传动件);一个爪型联轴器(减速机与输送机样机连接件);一个电工万用表;足够量的 1.0 mm 钢质粒子和 1.7 mm 钢质粒子,如图 5-48(a)所示;旋叶式输送机零配件及专用拆卸工具。

(a) 钢粒 　　　　　(b) 手压泵 　　　　　(c) 压力表

图 5-48　试验配件

高压试验装置除了常压试验装置外,还包括:一台手动压力泵,型号为SSD-1,最大供给压力为 80 MPa,排量为 2.5 ml,如图 5-48(b);一块防震压力表,量程为 0~60 MPa,如图 5-48(c);两个母由壬堵头(进料口母由壬堵头上加工一个加压孔,连接手压泵;出料口母由壬堵头上安装压力表);四个温度计;冷却管线;一台自吸水泵。

### 5.4.1.2 试验方法

为了验证输送机的输送效果及可靠性,室内试验将按以下几个阶段来进行:

(1)常压空转试验。通过变频器调节转速,测定不同转速下电机的电流和电压,计算其转动扭矩,进行设备磨合并试验其稳定性。

(2)常压负载试验。在常压空转试验效果良好的基础上,进行常压负载试验,即进行粒子输送试验。通过变频器调节转速,测定不同转速下的电机电流和电压,计算其转动扭矩,注意观察并记录试验现象,如设备杂音等,试验结束,观察设备关键零部件磨损状况。

(3)高压静密封试验。在设备不运转的情况下,通过手压泵以一定的压力梯度给设备加压,每个压力梯度值保压一定时间,保压过程中,注意观察设备有无渗水现象及压力表示数有无下降。

(4)高压空转试验。进行高压空转试验,开启电机调节至一定转速,再以一定的压力梯度加压,到达试验压力后再调节转速,记录各转速时电流值、压力表值和温度计数值,计算转动扭矩和输出功率。试验过程中,注意观察各焊缝与密封处有无渗水异常,压力表数值有无变化。

(5)冷却运行试验。打压至一定压力,开启电机调节至一定转速,运行一定时间,然后开启循环冷却系统,记录温度和压力数值,试验运行50小时。试验过程中,注意观察各焊缝与密封处有无渗水异常,压力数值有无变化。

### 5.4.2 试验过程及结果分析

#### 5.4.2.1 常压空转试验

(1)试验过程及数据。

常压空转试验是在无输送介质、无压力的条件下进行的基础性试验。设备在该试验条件下,正常运转、磨合良好是后续试验的前提条件,并且后续试验数据可以以该试验数据为参照,可以进行有效对比和分析。常压空转试验装置如图 5-49 所示。

图 5-49　常压试验装置

通过控制器调节转速,各转速下稳定运转 10 min。由式(5—52)计算输送机的扭矩:

$$T = 9550\,\frac{P}{n} \qquad\qquad (5\text{—}52)$$

式中,$T$ 为输送机扭矩,单位 N・m;$P$ 为电机功率,单位 kW,$P = \sqrt{3}UI\cos\varphi$,$\cos\varphi$ 为电机的额定功率因数,对于感性负载 $\cos\varphi$ 在 $0.7\sim0.85$ 之间,一般取值 0.8,$U$、$I$ 是测得值;$n$ 为螺杆转速,单位 r/min。

试验数据如表 5-17 所示。

表 5-17　常压空转试验

| 序号 | 转速/(r/min) | 电压/V | 电流/A | 功率/kW | 扭矩 N.m |
|---|---|---|---|---|---|
| 1 | 10 | 380 | 0.225 | 0.118 | 113.1 |
| 2 | 15 | 380 | 0.34 | 0.179 | 114 |
| 3 | 20 | 380 | 0.45 | 0.237 | 113.1 |
| 4 | 25 | 380 | 0.56 | 0.295 | 112.7 |
| 5 | 30 | 380 | 0.67 | 0.353 | 112.3 |
| 6 | 35 | 380 | 0.79 | 0.416 | 113.5 |
| 7 | 40 | 380 | 0.9 | 0.474 | 113.1 |

（2）试验结果分析。

对表 5-17 中的试验数据进行处理，可得出输送机转动扭矩及电机输出功率与叶轮转速的关系如图 5-50 所示。

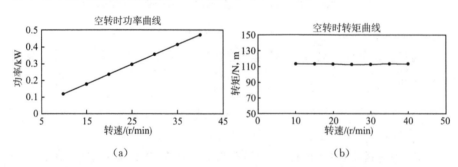

图 5-50　空转时输送机转动扭矩及电机输出功率与叶轮转速的关系

由图 5-50 可知，在一定工作条件下，通过电磁调速控制器调节转速，电机的输出电压大致保持恒定，电流变化引起输出功率的变化，但输送机的工作扭矩保持恒定。通过分析可知，在该试验条件下，输送机转动的载荷主要来自于组合密封件接触面的摩擦，负载保持恒定与扭矩恒定的试验结果符合。另外,电磁调速电机通过 JD1A 控制器调速,实现的是恒转矩无级调速,其特性曲线如图 5-51 所示,与试验结果也是相符合的。

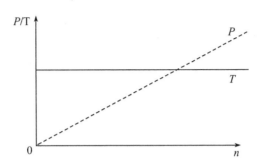

图 5-51　YCT 电磁调速电机负载特性曲线

### 5.4.2.2　常压负载试验

(1) 试验过程及数据。

该试验利用常压空转试验的装置,分别用直径 1.0 mm 和 1.7 mm 的钢质粒子进行粒子输送量试验。现以 1.0 mm 直径钢粒试验为例,对试验步骤叙述如下:

① 通过变频器将电机转速调节至一定值,停机;

② 输送机进料口上端连接粒子料斗,在出料口下方放置一容器盛放输出的粒子,然后向粒子料斗中加入 171.75 kg 钢粒;

③ 开启电机,同时按下秒表计时,测量输送时间并记录相应转速电机电压和电流值;

④ 观察粒子料斗无粒子且出料口无连续粒子输出时,按秒表停止计时;

⑤ 调节至不同梯度电机转速值,重复步骤①～④。

不同粒径的粒子输送量试验数据如表 5-18 和表 5-19 所示。

表中:$n$ 为旋叶转速,r/min;$t$ 为粒子输送时间,s;$f$ 为单位时间输送粒子量,kg/s;$e$ 为单位转数输送粒子量,kg/r。

表 5-18    常压粒子输送试验($\phi$1.0 mm)

| 序号 | 转速 n/(r/min) | 时间 t/s | 电压 U/V | 电流 I/A | 输送粒子量 | | 功率 P/kW | 扭矩 T/N.m |
|---|---|---|---|---|---|---|---|---|
| | | | | | f/(kg/s) | e/(kg/r) | | |
| 1 | 10 | 171 | 380 | 0.27 | 1.004 | 6.026 | 0.142 | 135.8 |
| 2 | 15 | 117 | 380 | 0.4 | 1.468 | 5.872 | 0.211 | 134.1 |
| 3 | 20 | 90 | 380 | 0.54 | 1.908 | 5.725 | 0.284 | 135.8 |
| 4 | 25 | 74 | 380 | 0.67 | 2.321 | 5.570 | 0.353 | 134.8 |
| 5 | 30 | 63 | 380 | 0.81 | 2.726 | 5.452 | 0.426 | 135.8 |
| 6 | 35 | 55 | 380 | 0.94 | 3.123 | 5.354 | 0.494 | 135 |
| 7 | 40 | 49 | 380 | 1.07 | 3.505 | 5.258 | 0.563 | 134.5 |

表 5-19    常压粒子输送试验($\phi$1.7 mm)

| 序号 | 转速 n/(r/min) | 时间 t/s | 电压 U/V | 电流 I/A | 输送粒子量 | | 功率 P/kW | 扭矩 T/N.m |
|---|---|---|---|---|---|---|---|---|
| | | | | | f/(kg/s) | e/(kg/r) | | |
| 1 | 10 | 170 | 380 | 0.29 | 1.010 | 6.062 | 0.153 | 145.8 |
| 2 | 15 | 115 | 380 | 0.44 | 1.493 | 5.974 | 0.232 | 147.5 |
| 3 | 20 | 88 | 380 | 0.58 | 1.952 | 5.855 | 0.305 | 145.8 |
| 4 | 25 | 72 | 380 | 0.73 | 2.385 | 5.725 | 0.384 | 146.8 |
| 5 | 30 | 61 | 380 | 0.88 | 2.816 | 5.631 | 0.463 | 147.5 |
| 6 | 35 | 53 | 380 | 1.02 | 3.241 | 5.555 | 0.537 | 146.5 |
| 7 | 40 | 47 | 380 | 1.17 | 3.654 | 5.481 | 0.616 | 147.1 |

（2）试验结果分析

对表 5-17、表 5-18、表 5-19 的常压试验数据进行处理,结果如图 5-52 所示。

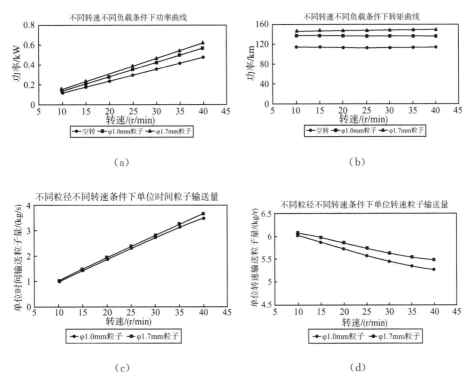

图 5-52　常压负载试验各参量关系曲线

对比分析图 5-52 的各参量关系曲线,得出以下几点结论:

① 由图 5-52(a)(b)可知,在粒径相同的情况下,电机输出功率随转速增加而增加,成正比关系,而输送机扭矩不受转速变化影响,保持恒定。此结论符合试验用电磁调速电机的负载特性,即在一定负载下,扭矩保持恒定,电机输出功率与转速成正比关系。

② 由图 5-52(a)(b)可知,在常压且同转速条件下,空转时输送机运转所需扭矩最小,粒径越大输送机所需转矩就会越大,说明粒子与叶轮料槽和机筒内壁面间的摩擦以及粒子自重等因素增加了叶轮转动的负载,并且粒径越大,负载的增加就会越大。

③ 由图 5-52(c)(d)可知,单位时间输送粒子量随叶轮转速增加而增大,

而单位转速输送粒子量随着叶轮转速增加而呈下降趋势,这说明随着叶轮转速的加快,叶轮料槽的填充系数变小,及粒子的填充量减少,导致粒子输送效率降低。

④ 由图 5-52(c)(d)可知,在相同转速条件下,1.7 mm 粒子的单位时间输送量和单位转速输送量均高于 1 mm 粒子的输送量,这说明粒径越大,输送效率越高。

⑤ 由第二章中可知,粒子冲击钻井技术要求粒子浓度范围 1%～3%,与之对应本设备设计转速范围 20～60 r/min,满足现场生产要求。

⑥ 由试验现象可知,粒子均匀、稳定地通过输送机出料口输出,达到输送粒子均匀性的设计要求。

⑦ 由试验数据可知,在相同转速下,旋叶式输送机输送效率较螺旋输送机提高约 1 倍;旋叶式输送机在达到相同输送效率的条件下转速要低得多,旋转密封件的磨损就会越小,即一定程度上为提密封件的使用寿命奠定基础。

⑧ 试验过程中,粒径不同两组试验设备均没有明显震动,也未出现明显摩擦声。试验结束后,观察叶轮的磨损状况。1 mm 粒子试验叶轮结构没有明显磨损,1.7 mm 粒子试验在叶轮聚氨酯板条上可见轻微磨痕,这说明粒径越大,输送摩阻也会越大,对设备的磨损也将增大,也验证了试验数据的正确性。试验前后叶轮磨损对比如图 5-53 所示。

图 5-53　叶轮磨损对比

### 5.4.2.3 高压静密封试验

高压静密封试验是进行高压空转试验的基础。在密封试验中，试验压力要高于设计压力，焊接接头等关键部位存在缺陷的可能性难以避免，优先考虑安全因素，液体由于可压缩性较差，较之气压试验不会导致严重的爆炸事故，故试验介质选用液体[32]。

为了更好地模拟现场生产条件，试验介质选用泥浆，在常温下(≤20℃)进行试验。试验压力按内压容器的经验公式(5—53)计算[75]

$$1. \quad P_T = 1.25 p \frac{[\sigma]}{[\sigma]_t} \tag{5—53}$$

式(5—53)中，$P_T$ 为试验压力，MPa；$p$ 为设计压力，MPa；$[\sigma]$ 为机筒材料在试验温度下的许用应力，MPa；$[\sigma]_t$ 为机筒材料在设计温度下的许用应力，MPa。

由于本试验中试验温度和设计温度都是常温，故而试验压力 $P_T = 1.25 p = 37.5$ MPa。

高压静密封试验装置连接如图 5-54 所示。

图 5-54　高压静密封试验装置

试验步骤如下：

① 输送机装配，将输送机安装到试验架上；

② 安装试压堵头，一端堵头连接手压泵管线，另一端堵头安装压力表，

如图 5-54 所示；

③ 用手压泵将泥浆注入输送机，直至注满，关闭手压泵保压阀门；

④ 打开手压泵保压阀，以 5 MPa 为一压力梯度，用手压泵开始加压，在达到压力梯度值时保压 10 min，观察压力表示数有无变化，若示数不变，逐渐加压至 30 MPa；若压力表示数不变，最后加压至 37.5 MPa，保压 1 小时；然后再将压力降至 80％ 即 30 MPa，保压 12 小时。上述各压力阶段要求压力表示数不变，否则检修，重复上述步骤；

⑤ 在试验过程中，每隔 15 分钟查看设备外表面有无渗漏并观察压力表示值有无变化；

⑥ 试验完毕，打开手压泵保压阀，拆卸输送机，并及时清洗保养。

对高压静密封试验数据进行处理，结果如图 5-55 所示。

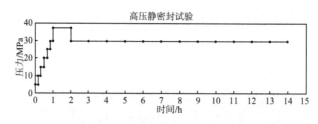

图 5-55　高压密封试验

在高压静密封试验过程中，输送机无异常声响，没有明显液体渗漏，也未出现明显变形，由图 5-55 可知试验各阶段压力示数稳定，说明输送机在静置状况下能够承受设计压力，同时验证了该设备满足耐压条件[96]。为了进一步验证输送机是否满足现场生产条件，需进行高压空转试验。

### 5.4.2.4　高压空转试验

高压空转试验是验证输送机功能性的关键试验，试验的成功与否直接决定现场生产的正常应用。

（1）试验过程及数据。

该试验是在高压静密封试验的基础上进行的，试验过程类似。具体试验步骤如下：

① 输送机装配,将输送机安装到试验架上,向机筒中注满泥浆,关手压泵保压阀;

② 开启电机,通过控制器调节转速至 10 r/min,运转 30 min;

③ 保持转速不变,用手压泵以 5 MPa 为一压力梯度进行加压,每个压力梯度值保压运转 30 min,加压至 30 MPa,记录各压力梯度值的压力表和温度计数值,测量相应电压电流值,并观察各焊缝和连接处渗漏状况及设备有无异响;

④ 卸压至 25 MPa,保持压力恒定。通过控制器调节转速,以 5 r 为一转速梯度进行增速,每个转速梯度值定速运转 30 min,记录各梯度转速值下的压力表和温度计数值,测量相应电压电流值,并观察各焊缝和连接处渗漏状况及设备有无异响;

⑤ 试验结束,停机,卸压。

试验数据记录如表 5-20、表 5-21 所示。

表 5-20　加压过程试验数据(0~30 MPa)

| 转速 $n/(r/min)$ | 10 | | | | | | |
|---|---|---|---|---|---|---|---|
| 时间/h | 0 | 0.5 | 1 | 1.5 | 2 | 2.5 | 3 |
| 机筒压力 $P$/MPa | 0 | 5 | 10 | 15 | 20 | 25 | 30 |
| 电流 $I$/A | 0.23 | 0.27 | 0.32 | 0.36 | 0.40 | 0.44 | 0.49 |
| 转矩 $T$/N.m | 115.7 | 135.8 | 160.9 | 181 | 201.1 | 221.2 | 246.4 |
| 功率 $P$/kW | 0.12 | 0.14 | 0.17 | 0.19 | 0.21 | 0.23 | 0.26 |
| 温度 $t$/C° | 18 | 21 | 25 | 31 | 37 | 44 | 55 |

表 5-21  工作压力 25 MPa 时各转速试验数据

| 机筒压力 $P$/MPa | 25 | | | | | | |
|---|---|---|---|---|---|---|---|
| 时间/h | 0 | 0.5 | 1 | 1.5 | 2 | 2.5 | 3 |
| 转速 $n$/(r/min) | 10 | 15 | 20 | 25 | 30 | 35 | 40 |
| 电流 $I$/A | 0.44 | 0.66 | 0.88 | 1.10 | 1.32 | 1.54 | 1.76 |
| 转矩 $T$/N.m | 221.3 | 221.2 | 221.2 | 221.2 | 221.2 | 221.2 | 221.2 |
| 功率 $P$/kW | 0.23 | 0.35 | 0.46 | 0.58 | 0.70 | 0.81 | 0.93 |
| 温度 $t$/C° | 18 | 22 | 27 | 34 | 42 | 50 | 59 |

(2) 试验结果分析。

首先对表 5-20、表 5-21 的数据进行处理,分别如图 5-56、图 5-57 所示。

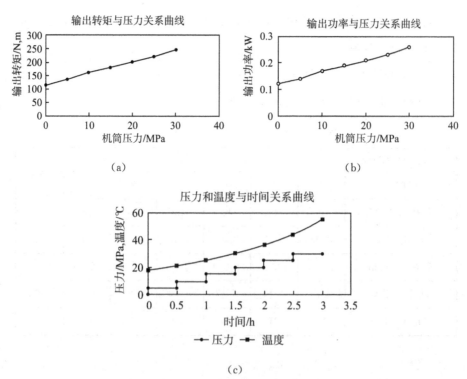

（a）  （b）

（c）

图 5-56  加压过程扭矩、功率与温度变化(转速恒为 10 r/min)

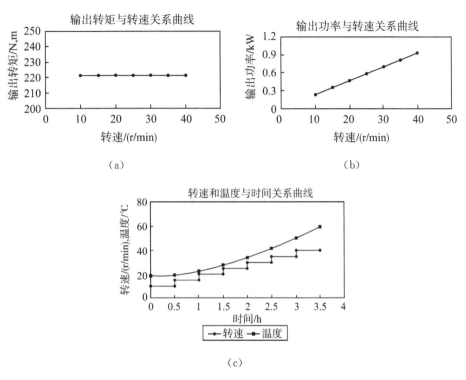

图 5-57　不同转速下扭矩、功率及温度变化(机筒压力恒为 25 MPa)

对图 5-56、图 5-57 的各参数变化规律进行对比分析,可得出以下几点结论:

① 由图 5-56(a)(b)可知,在转速恒定条件下(转速 10 r/min),电机的输出转矩和功率均随着机筒内压的提高而增加。这是因为随着机筒内压力的增加,组合密封件中的 O 形圈收缩量增大,其对轴的抱紧力也增大,导致旋转轴的工作扭矩和功率增大。

② 由图 5-57(a)(b)可知,在机筒内压恒定时(压力 25 MPa),随着轴转速的增加,电机的输出功率增加,但其输出转矩保持恒定。在机筒内压恒定时,输送机的负载不变,故所需扭矩也一定,同时验证了电机输出转矩和功率与转速的关系符合电磁调速电机的负载特性。

③ 由图 5-56(c)可知,在转速恒定条件下(转速 10 r/min),输送机运行时间越长,机筒内压越高,机筒温度就会越高,并且温度升高趋势越大。由于运行时间的增长,机筒内轴承等零部件摩擦产热,同时随着机筒内压的增加,组合密封

件对轴的抱紧力就会越大,即摩阻越大,导致机筒温度升高,且升高趋势越大。

④ 由图 5-57(c)可知,在压力恒定条件下(压力 25 MPa),输送机运行时间越长,转速越高,机筒温度就会越高,并且温度升高趋势越大。由于运行时间的增长,组合密封件对轴的抱紧力因摩阻产热,同时随着输送机转速的增加,机筒内轴承等零部件摩擦加剧,导致机筒温度升高,且升高趋势越大。

⑤ 由结论③、④可知,输送机在高转速、高压力的运行条件下,机筒温度高且升高趋势明显。由于密封件有具体温度适用范围,温度过高会影响密封件的使用寿命,进而对输送机的稳定运行产生不利影响,因此进行输送机冷却运行试验十分必要。

⑥ 在试验过程中,输送机运转平稳,未见明显震动和异响状况,各焊接和连接处未见明显渗漏和泄漏。

### 5.4.2.5 冷却运行试验

由高压空转试验结论可知,输送机在高压力和高转速工况下温度高且升高趋势明显。由于组合密封件中 O 形圈温度适用范围是−55℃～250℃,温度过高会影响密封件的使用寿命,即会对输送机的稳定运行产生不利影响。因此进行冷却运行试验,验证输送机是否满足设计寿命。

(1) 试验过程及数据。

冷却运行试验步骤如下:

① 输送机装配,将输送机安装到试验架上,向机筒中注满泥浆,关手压泵保压阀;

② 用手压泵对输送机加压至 25 MPa,保持压力恒定;

③ 开启电机,通过控制器调节转速至 30 r/min,保持转速恒定,每 30 min 记录压力表和温度计数值,并观察各焊缝和连接处渗漏状况及设备有无异响,运行时间为 3 h;

④ 上述试验条件不变,然后开启循环冷却系统,保持转速恒定,每 30 min 记录压力表和温度计数值,并观察各焊缝和连接处渗漏状况及设备有无异响,试验时间为 100 h;

⑤ 试验结束,停机,卸压。

试验数据记录如表 5-22 所示(取 50 小时试验数据分析)。

表 5-22　冷却运行试验数据(25 MPa)

| 时间/h | 0 | 0.5 | 1 | 1.5 | 2 | 2.5 | 3 | 3.5 | 4 | 4.5 | 5 |
|---|---|---|---|---|---|---|---|---|---|---|---|
| 温度 $t$/℃ | 18 | 22 | 27 | 34 | 42 | 50 | 59 | 48 | 41 | 36 | 35 |
| 压力/MPa | 25 | 25.5 | 26 | 26.5 | 27 | 27.5 | 28 | 27 | 26 | 25.5 | 25.5 |
| 时间/h | 5.5 | 6 | 6.5 | 7 | 7.5 | 8 | 8.5 | 9 | 9.5 | 10 | 10.5 |
| 温度 $t$/℃ | 35 | 35 | 35.5 | 35.5 | 35.5 | 36 | 36.5 | 36.5 | 36.5 | 36 | 36 |
| 压力/MPa | 25.5 | 25.5 | 25.5 | 25.5 | 25.5 | 25.5 | 26 | 26 | 26 | 26 | 26 |
| 时间/h | 11 | 11.5 | 12 | 12..5 | 13 | 13.5 | 14 | 14.5 | 15 | 15.5 | 16 |
| 温度 $t$/℃ | 36 | 36 | 36 | 36.5 | 36.5 | 36.5 | 36.5 | 36 | 36 | 36 | 35.5 |
| 压力/MPa | 26 | 26 | 26 | 26 | 26 | 26 | 26 | 26 | 26 | 26 | 25.5 |
| 时间/h | 16.5 | 17 | 17.5 | 18 | 18.5 | 19 | 19.5 | 20 | 20.5 | 21 | 21.5 |
| 温度 $t$/℃ | 35.5 | 35 | 35 | 35 | 35 | 34.5 | 34.5 | 34.5 | 34.5 | 34 | 34 |
| 压力/MPa | 25.5 | 25.5 | 25.5 | 25.5 | 25.5 | 25.5 | 25 | 25 | 25 | 25 | 25 |
| 时间/h | 22 | 22.5 | 23 | 23.5 | 24 | 24.5 | 25 | 25.5 | 26 | 26.5 | 27 |
| 温度 $t$/℃ | 34 | 33.5 | 33.5 | 33.5 | 33 | 33 | 34 | 34 | 35 | 35 | 35.5 |
| 压力/MPa | 25 | 24.5 | 24.5 | 24.5 | 24.5 | 24.5 | 25 | 25 | 25 | 25.5 | 25.5 |
| 时间/h | 27.5 | 28 | 28.5 | 29 | 29.5 | 30 | 30.5 | 31 | 31.5 | 32 | 32.5 |
| 温度 $t$/℃ | 35.5 | 35.5 | 36 | 36 | 36.5 | 36.5 | 36.5 | 36 | 36 | 36 | 36 |
| 压力/MPa | 25.5 | 25.5 | 25.5 | 26 | 26 | 26 | 26 | 26 | 26 | 26 | 26 |
| 时间/h | 33 | 33.5 | 34 | 34.5 | 35 | 35.5 | 36 | 36.5 | 37 | 37.5 | 38 |
| 温度 $t$/℃ | 36.5 | 36.5 | 36.5 | 36.5 | 36 | 36 | 36 | 35.5 | 35.5 | 35 | 35 |
| 压力/MPa | 26 | 26 | 26 | 26 | 26 | 26 | 26 | 25.5 | 25.5 | 25.5 | 25.5 |
| 时间/h | 38.5 | 39 | 39.5 | 40 | 40.5 | 41 | 41.5 | 42 | 42.5 | 43 | 43.5 |
| 温度 $t$/℃ | 35 | 35 | 34.5 | 34.5 | 34.5 | 34.5 | 34 | 34 | 34 | 33.5 | 33.5 |
| 压力/MPa | 25.5 | 25.5 | 25.5 | 25 | 25 | 25 | 25 | 25 | 25 | 24.5 | 24.5 |
| 时间/h | 44 | 44.5 | 45 | 45.5 | 46 | 46.5 | 47 | 47.5 | 48 | 48.5 | 49 |
| 温度 $t$/℃ | 33.5 | 33 | 33 | 34 | 34 | 35 | 35 | 35.5 | 35.5 | 36 | 36 |
| 压力/MPa | 24.5 | 24.5 | 24.5 | 24.5 | 25 | 25 | 25 | 25 | 25.5 | 25.5 | 25.5 |
| 时间/h | 49.5 | 50 | — | — | — | — | — | — | — | — | — |
| 温度 $t$/℃ | 36 | 36 | — | — | — | — | — | — | — | — | — |
| 压力/MPa | 25.5 | 25.5 | — | — | — | — | — | — | — | — | — |

（2）试验结果分析。

首先对表 5-22 的数据进行处理，如图 5-58 所示。

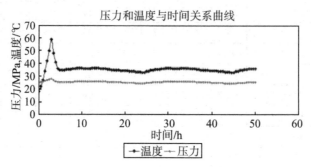

图 5-58　冷却运行试验（机筒压力 25 MPa，转速 30 r/min）

对图 5-58 的各参数变化规律进行对比分析，可得出以下几点结论：

① 由图 5-58 压力曲线可知，输送机在 25 MPa 压力条件下稳定运行 100 小时，稳定性较螺旋输送机提高 100%，达到设计要求并满足现场生产应用。

② 由图 5-58 可知，在 30 r/min，25 MPa 条件下运行 3 小时机筒温度约为 60 ℃，并且机筒温度升高趋势明显。开启循环冷却系统后，机筒温度在 150 分钟时间内降低约 20 ℃，且温度保持在 36 ℃左右，说明冷却效果明显，输送机运行稳定，满足设计寿命要求。

③ 由温度曲线可知，在开启循环冷却系统后，机筒温度比较稳定，但温度呈现周期性起伏，这说明外部环境对机筒温度产生影响。

④ 由压力曲线可知，压力值随温度呈现周期性起伏，由于泥浆携带气泡及等难以保证机筒充满泥浆因素，温度升高，气体膨胀，压力相应升高。

⑤ 在试验过程中，输送机运转平稳，未见明显震动和异响状况，各焊接和连接处未见渗漏和泄漏。

### 5.4.2.6　整体运行试验

在上述验证输送机单机运行功能性试验的基础上，将输送机连接整套注入系统，进行系统的耐压和输送粒子试验，验证在整套系统中旋叶式输送机的工作性能。整体运行试验装置如图 5-59 所示。

（a）旋叶式输送机试验装置　　　　（b）螺旋输送机试验装置

图 5-59　整体运行试验装置

（1）试验过程及数据。

注入系统整体运行试验步骤如下：

① 输送机装配，将输送机安装到注入系统，向注入系统中注满泥浆，关闭阀门。

② 将系统加压至 25 MPa，保持压力恒定。

③ 由于已验证输送机静密封性能，故此试验直接进行动压试验。开启液压工作站，通过马达调节转速至 30 r/min，保持转速恒定，每 30 min 记录压力表和温度计数值，并观察各焊缝和连接处渗漏状况及设备有无异响，运行时间为 100 h。

④ 耐压试验结束，停机，卸压。

⑤ 开泵向高压罐中注入粒子，然后开机运转输送机，观察粒子有无返出及返出现象。

⑥ 无粒子返出后，停机，试验结束。

（2）试验结果分析。

分析试验数据，可得出以下几点结论：

① 在 30 r/min，25 MPa 条件下输送机稳定运行输送机稳定运行 100 小时，满足寿命设计要求。

② 输送机机筒温度保持在 36 ℃左右，说明设计循环冷却结构冷却效果明显。

③ 由图可知,相对于螺旋输送机,旋叶式输送机结构简单轻便,装配时受空间位置约束较小,由现场试验经验可知,拆装检修效率提高 60%,满足高效性的设计要求。

④ 开机运转输送机,观察有粒子返出,并且均匀返出,说明输送机可以实现粒子输送均匀性的要求。

⑤ 在试验过程中,输送机运转平稳,未见明显震动和异响状况,各焊接和连接处未见渗漏和泄漏。

(3) 试验结论。

本节对旋叶式高压钢粒粒子输送机进行了较为完整的室内试验,并通过数据处理和结果分析,得出了不同条件下,各参数对粒子输送效果的影响关系;着重研究了不同条件下,各参数对机筒温度的影响关系,进而进行了冷却运行试验,验证了输送机的稳定性;着重研究了不同条件下,各参数对旋叶式输送机正常、平稳运转所需的转矩及功率的影响关系;在试验过程中,一直观察设备运转状况,验证了整套装置的有效性和可靠性。综合本章的试验,可以得出以下几点结论:

① 在旋叶式输送机结构参数一定的情况下,输送装置的粒子输送效率与输送机转速及粒子粒径有关,粒径越大,效率越高;转速越高,单位时间输送粒子量越高,但单位转数输送粒子量降低。

② 输送机运转所需的扭矩,随粒子粒径增大而增大,随机筒内介质压力升高而增大,而与转速大小无关。

③ 输送机运转所需的功率与粒子粒径、机筒内介质压力、螺杆转速等都呈正相关关系。

④ 根据试验结果,利用不同条件叠加进行估算,在高压并输送粒子条件下,输送机运转的功率约为 0.5 kW、扭矩约为 400 N.m。

⑤ 由常压负载试验可知,粒子均匀稳定的通过输送机出料口输出,说明达到输送粒子均匀性的设计要求;在相同转速的条件下,旋叶式输送机相较于螺旋输送机效率提高了 200%,即达到相同输送效率的要求时,转速较慢的旋叶式输送机对密封件的使用寿命有较大的提高。

⑥ 在冷却运行试验过程中,旋叶式运转正常 100 小时,未见明显震动和异响,各焊接与连接处也未见明显渗漏,稳定性能相较于螺旋输送机提高 100%;循环冷却系统冷却效果较好,机筒温度稳定在 36 ℃左右,满足高压密封件的使用环境。

⑦ 在整体运行试验过程中,旋叶式输送机稳定运行,现场装配经验可知,旋叶式输送机由于结构简单轻便,拆装效率相较于螺旋输送机提高 60%。

⑧ 上述试验充分说明,旋叶式输送机在实现输送粒子均匀性的要求的前提下,相较于螺旋输送机,在输送粒子高效性、稳定性等方面均有了较大程度的提高,初步验证了本套设备的有效性,为进一步的优化设计和研究提供了试验依据。

## 5.5　粒子回收系统回收试验

在粒子冲击钻井中,注入至井下的粒子与岩屑一起随钻井液返回地面,为了节约资金提高粒子利用率,需要对粒子与岩屑的混合物进行分离并进行循环使用。旋转储罐式粒子回收系统的主要作用之一就是从井下返回的粒子与岩屑的混合物中分离出钢粒并进行储存以备循环使用,在这个过程中,分离粒子里利用了回收系统主要设备之一的磁选机,磁选机依靠磁性将粒子从岩屑中分离出来。磁选机的分离效率直接影响着粒子的循环利用率,如果磁选机分离效率不高,不仅会导致粒子大量浪费,而且会使粒子混入回收系统的循环泥浆中,造成砂泵等多个设备的损坏。为此,需要对磁选机的分离效率进行试验。

### 5.5.1　磁选机对纯粒子的分离效率

本次试验在中国石油大学华东高压水射流研究中心中进行,初次使用磁选机,首先使用一定质量的纯粒子通过循环管路到达磁选机,验证磁选机对纯粒子的分离效率。试验流程同上节测定射流混浆器吸入量的流程,即开启砂泵,形成循环管路,从射流混浆器处加入一定质量的粒子,在磁选机出口处收集粒子并测定其质量,计算磁选机对纯粒子的回收效率。图 5-60 为测定磁选机分离效率相关设备及循环管路。

图 5-60　试验装置图

　　试验条件为泵压 $P=0.4$ Mpa，排量 $Q=27.63$ L/s。进行四组不同质量粒子分离回收试验，粒子质量分别为 25 kg、50 kg、75 kg、100 kg，在磁选机出口收集回收的粒子，待整套系统循环一定程度后认为磁选机已经完全分离。表 5-23 为不同质量粒子回收率。

表 5-23　纯粒子时磁选机回收粒子效率表

| 试验次数 | 粒子加量/kg | 粒子回收量/kg | 分离效率 | 平均分离效率 |
|---|---|---|---|---|
| 1 | 25.0 | 23.2 | 98.0% | |
| 2 | 50.0 | 48.2 | 98.4% | |
| 3 | 75.0 | 74.1 | 98.8% | 98.46% |
| 4 | 100.0 | 98.7 | 98.7% | |

　　图 5-61 为磁选机出口处，可以看到分离出的粒子。

图 5-61　磁选机出口处

### 5.5.2 磁选机、振动筛对粒子与岩屑混合物的分离效率

为了模拟粒子冲击钻井回收系统实际工作状况,本次试验配置了不同质量比的粒子与岩屑的混合物,利用它们来验证磁选机与振动筛的分离效率。砂泵泵出的钻井液形成循环管路,钻井液经过射流混浆器,到达磁选机,流经磁选机后落入振动筛,最后进入泥浆罐。在射流混浆器中,将粒子与岩屑的混合物加入,磁选机将粒子分离,振动筛将钻井液中的岩屑筛除。

将岩屑与粒子混合物加入至射流混浆器后,在磁选机出口收集粒子,并观察振动筛处钻井液与岩屑的分离情况。本次试验共分四组,粒子与岩屑的质量比为 10∶1、5∶1、1∶1、1∶2。下面是四组试验的具体情况:

(1) 当粒子质量与岩屑质量比为 10∶1 时,粒子质量为 75 kg,岩屑质量 7.5 kg。待整个系统稳定后,观察回收的粒子,发现里面只有几颗小固相颗粒,称其质量为 73.8 kg,回收率为 98.4%。试验后岩屑在振动筛中被筛除出来,且里面无钢粒。图 5-62 为回收的粒子。

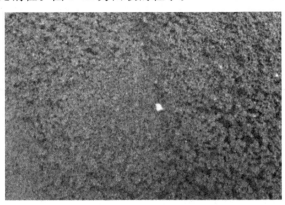

图 5-62　收回粒子图

(2) 当粒子与岩屑的质量比减小至 5∶1,粒子质量 75 kg,岩屑质量 15 kg。回收粒子的质量为 73 kg,回收效率为 97.3%。回收粒子中几乎无岩屑,振动筛未发现粒子。

(3) 粒子与岩屑的质量比减小至 1∶2 时,大量岩屑与粒子混合,粒子质量 75 kg,岩屑质量 150 kg。试验结束后,回收的粒子中发现极个别岩屑,均

为小固相颗粒,与大量粒子相比可以忽略,对粒子的循环使用无影响。回收的粒子质量为 73.6 kg,回收效率达 98.1%。振动筛中几乎将全部岩屑全部晒出,发现极少量与岩屑黏在一起的粒子。图 5-63 为此次回收的粒子与振动筛筛除的岩屑。

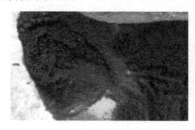

图 5-63　筛除的粒子与岩屑图

表 5-24 为本次四组试验的回收率数据:

表 5-24　不同粒子和岩屑比例的情况下,磁选机回收粒子的效率表

| 粒子与岩屑重量比 | 加入粒子重量/kg | 加入岩屑重量/kg | 回收粒子重量/kg | 回收岩屑重量/kg | 分离效率 | 平均分离效率 |
|---|---|---|---|---|---|---|
| 10 : 1 | 75 | 7.5 | 73.8 | 4.8 | 98.4 | |
| 5 : 1 | 75 | 15 | 73 | 11.3 | 98.7 | 97.95 |
| 1 : 1 | 75 | 75 | 73.5 | 69 | 98 | |
| 1 : 2 | 75 | 150 | 73.6 | 144 | 97.3 | |

从上表中可以看出,无论以哪种比例粒子与岩屑的混合物,磁选机的分离效率都基本维持在 97% 以上,振动筛基本可以把岩屑筛除出来,可能会有些小固相溶入钻井液或遗留在管路中。

在射流混浆器性能试验及磁选机分离试验过程中,回收系统循环管路运行正常。试验结束后打开试验管路及相关设备,管路暂时未出现磨损、设备基本无损坏,因此该套设备可以用于粒子钻井现场中。

### 5.5.3　旋转储罐功能性试验

#### 5.5.3.1　运行试验

(1)试验目的。

① 探究旋转储罐驱动系统液压油温度变化,研究驱动系统稳定性。

② 验证旋转储罐进料系统和出料系统的有效性,发现旋转储罐装置存在的问题。

(2)试验方法。

① 空载时,启动旋转储罐,并在设计转速下保持运行状态,观察液压系统油温变化情况;转动一定时间后,停机重新启动,运行观察油温变化情况;

② 将质量 300 kg 直径 1 mm 的钢粒从进料漏斗加入至旋转储罐中,观察粒子在筛桶的下落情况和粒子从旋转储罐输出情况。

(3)试验结果。

① 空载时,第一次开机使没有接通冷却风扇电源,随着运行时间增加,油温不断增加;第二次启动时,接通冷却风扇电源,随时间增加油温基本保持稳定,液压系统在冷却系统接通后油温趋于稳定,旋转储罐液压系统可以稳定工作,表 5-25 为旋转储罐空载启动情况表。

表 5-25　旋转储罐空载启动情况表

| 试验序号 | 起始油温/℃ | 运行时间/min | 油温/℃ | 罐体转速 rpm | 电机转速 rpm |
|---|---|---|---|---|---|
| 第一次 | 25 | 15 | 45 | 4 | 1470 |
| | | 20 | 52 | 4 | 1470 |
| | | 25 | 60 | 4 | 1470 |
| 第二次 | 58 | 15 | 59 | 3 | 1470 |
| | | 30 | 57 | 3 | 1470 |

② 加入粒子后,进料斗有堆积现象,无水条件下无堆积,加少量水混合后在进料管底部有厚约 20 mm 堆积,水量大时减少堆积。

③ 粒子经过筛桶时,基本可以通过筛桶中筛孔下落。

④ 出料时,在瞬间出料量大时,筛网板下部有约 20 mm 厚堆积,堆积后

3 s 左右粒子自动漏下,出料过程无结块现象。

### 5.5.3.2  旋转储罐输送粒子试验

为探究旋转储罐输出粒子的能力,进行了相关试验。由旋转储罐输出粒子,向高压罐中注满粒子,记录时间及旋转储罐粒子减少量(由压力传感器测的),计算储罐每转输出量。

表 5-26  旋转储罐输送粒子情况表

| 试验序号 | 起始油温/℃ | 运行时间/min | 油温/℃ | 罐体转速 rpm | 电机转速 rpm |
|---|---|---|---|---|---|
|  |  | 15 | 45 | 4 | 1470 |
| 第一次 | 25 | 20 | 52 | 4 | 1470 |
|  |  | 25 | 60 | 4 | 1470 |
|  |  | 15 | 59 | 3 | 1470 |
| 第二次 | 58 | 30 | 57 | 3 | 1470 |

试验结果表明,粒子储罐向高压罐的上料时间随转速增大而减小。当转速为最小转速 3.23 rpm 时,注入时间为 39 min,满足安全上料时间1.08 h 的要求。

## 5.6  粒子冲击钻井钻头冲蚀磨损试验

粒子冲击钻井技术的实质是在钻井液中加入钢质粒子,从而达到快速高效破岩的效果,所以粒子对钻头内腔室造成较严重的冲蚀磨损,对钻头的工作寿命提出了严峻考验。

### 5.6.1  试验内容及目的

主要是通过对钻头内腔室的冲蚀磨损试验,测试粒子和泥浆对 YG8 硬质合金喷嘴材料强度和耐冲蚀的效果,以及化学镀镍后钻头内腔室的磨损情况,验证设计的牙轮和 PDC 钻头使用寿命。

### 5.6.2　试验设备

本次试验在中国石油大学(华东)研制的新一代粒子冲击钻井系统设备基础上进行,试验主要设备有砂泵、磁选机、脱磁器、振动筛、粒子旋转储罐、泥浆罐、钻头等,试验设备如图 5-64 所示。连接时,将 PDC 钻头和牙轮钻头串联到闭合管路中,测试冲蚀磨损情况。

图 5-64　试验主要设备

### 5.6.3　试验方法步骤

(1)粒子选择粒径 1 mm 的钢粒,含量为 2%,利用粒子旋转储罐出料至射流混浆器漏斗,同时砂泵抽取泥浆罐中的泥浆与粒子混合,并输送至管线和钻头。

(2)粒子返出后经过振动筛和磁选机,实现与钻井液分离,并通过脱磁器脱磁处理后进入旋转储罐,进行存储和下次加料,继续循环。

(3)通过调节射流混浆器漏斗的蝶阀,控制粒子注入浓度在 2%,实现装置的自动循环运转。

(4)试验运行 100 h,试验前后对钻头分别进行清洗、干燥、称重,记录磨损数据,并观测内流道磨损情况。

### 5.6.4　试验结果及分析

试验共进行 100 h,由于前 50 h 磨损情况较轻微,所以后续 50 h 加大泵压、排量和钻井液黏度和密度,观测喷嘴及内流道磨损情况。钻头内流道及喷嘴冲蚀试验数据统计如下表 5-27 所示。

表 5-27　钻头内流道冲蚀试验数据统计

| 时间 /h | 泵压 /MPa | 排量 /L/s | 粒径 /mm | 粒子浓度 /% | 钻井液黏度 /mPa·s | 钻井液密度 /g/cm³ | 磨损量 /kg | 冲蚀磨损率 /% |
|---|---|---|---|---|---|---|---|---|
| 0 | | | | | | | | 0 |
| 5 | | | | | | | 0.037 | 0.06 |
| 10 | | | | | | | 0.049 | 0.08 |
| 10 | | | | | | | 0.057 | 0.09 |
| 20 | | | | | | | 0.066 | 0.11 |
| 25 | 0.35 | 30 | 1 | 2 | 55 | 1.27 | 0.073 | 0.12 |
| 30 | | | | | | | 0.081 | 0.13 |
| 35 | | | | | | | 0.089 | 0.15 |
| 40 | | | | | | | 0.096 | 0.16 |
| 45 | | | | | | | 0.102 | 0.17 |
| 50 | | | | | | | 0.120 | 0.19 |
| 55 | 0.65 | 40 | 1 | 2 | 62 | 1.32 | 0.130 | 0.21 |
| 60 | | | | | | | 0.138 | 0.23 |
| 65 | | | | | | | 0.145 | 0.24 |
| 70 | | | | | | | 0.154 | 0.25 |
| 75 | | | | | | | 0.161 | 0.26 |
| 80 | | | | | | | 0.168 | 0.27 |
| 85 | | | | | | | 0.174 | 0.28 |
| 90 | | | | | | | 0.242 | 0.39 |
| 95 | | | | | | | 0.301 | 0.50 |
| 100 | | | | | | | 0.370 | 0.61 |

　　试验结果表明,如表 5-27 的钻头内流道和喷嘴冲蚀磨损情况,100 h
冲蚀试验过程中,钻头内流道冲蚀率随试验时间变长逐渐增大,但最大
冲蚀磨损率仅为 0.61%;在 50 h 后,随着泵压、排量、钻井液密度和黏度
的增大,磨损率增长趋势明显,并在 85 h 后快速增长,但总体来看,冲蚀
磨损率较低。

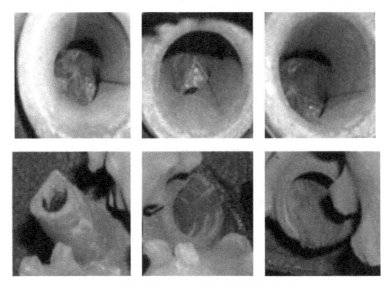

图 5-65　牙轮钻头内流道和喷嘴冲蚀情况

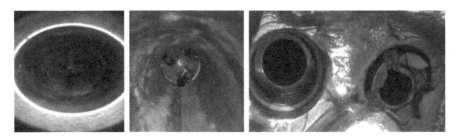

图 5-66　PDC 钻头内流道和喷嘴冲蚀情况

通过图 5-65、图 5-66 可以更明显地看出,钢粒子磨料射流的冲蚀对象主要是喷嘴和内流道的镀层材料,喷嘴材料本身并没有出现较明显的坑、洞等被冲蚀损伤的痕迹,所以化学镀镍镀层可有效防护粒子对钻头内腔室内的冲蚀。冲蚀磨损主要发生在喷嘴出入口处,但并不严重,而喷嘴则内腔基体无明显冲蚀磨损。

因此,牙轮和 PDC 钻头冲蚀磨损试验表明,钻头内流道结构及喷嘴设计合理,YG8 硬质合金喷嘴材料强度和耐冲蚀效果表现良好,表面强化镀镍处理效果较好,钻头使用寿命有保障,可保证粒子冲击钻井钻头成功应用于国内钻井作业现场。

### 5.7  粒子冲击钻井钻头现场先导试验

粒子冲击钻井(Particle Impact Drilling)现场试验系统主要包括钻头、粒子回收系统和粒子注入系统三大组成部分,将一定浓度的钢质粒子通过注入系统随钻井液注入井下,并伴随着钻井液流动到钻头,在射流作用下以高频率和高速度撞击岩石配合钻头切屑齿破碎岩石,然后经钻井液循环到达地面通过回收系统将粒子回收后,重复利用再注入井底,从而连续冲击井底岩石以达到提高机械钻速目的。

本试验为探索钻头自身是否满足粒子钻井要求,主要验证牙轮钻头和粒子 PDC 钻头现场试验使用寿命和井下使用情况。需要指出的是,牙轮钻头下井试验时,同时进行了国内首套粒子钻井系统设备的上井功能性验证试验,因而牙轮钻头先导试验时向井底注入了约 7.7 吨粒子,实现了首次粒子冲击钻进,钻头性能指标验证较为充分。但在五刀翼和六刀翼 PDC 钻头下井试验时,由于试验成本和项目进度的原因,粒子钻井系统设备正在进行升级换代改造,因而 PDC 钻头试验时并未向井底注入大量粒子,仅分别注入约为 100 kg,钻头全面性能指标是下一阶段试验需要着力验证的,但也可从钻头在井底的钻进表现侧面反映出粒子 PDC 钻头的性能指标。

### 5.7.1 8-1/2"牙轮钻头现场先导试验

5.7.1.1 四川龙岗 022-H7 井情况

设计井深:3358 m。

井眼尺寸:215.9 mm。

试验井队:川西钻探 50728 队。

试验井段:2803-2920 m。

试验地层:须家河组页岩、泥岩。

钻井参数:钻压:175 kN,转速:70 rpm,排量:28 L/s,泵压:20 MPa。

泥浆性能:密度 1.81 g/cm³,塑性黏度 20 mPa·m,动切力 6 Pa,黏度 41 mPa·m;

钻具组合:Φ215.9 mm 牙轮钻头+411×410 回压凡尔+Φ165.1 mm 钻铤×3 柱+Φ127 加重钻杆×12.4 柱+Φ127 mm 钻杆×80 柱+411×410 方保+411×410 接头+411×520 旋塞+411×520 接头。

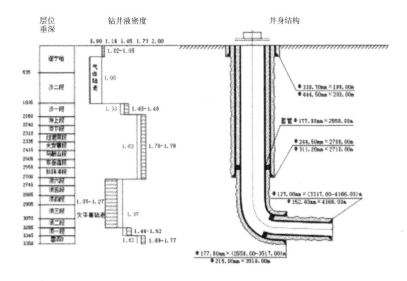

图 5-67 龙岗 022-H7 井设计井身结构示意图

表 5-28　龙岗 022-H7 井地质分层

| 地层 | | | | | 设计分层 | |
|---|---|---|---|---|---|---|
| 界 | 系 | 统 | 组 | 段 | 岩性 | 底界垂深 /m | 垂厚 /m |
| | | 上统 | 蓬莱镇组 | | 泥岩、粉砂岩 | | |
| | | | 遂宁组 | | 泥岩、粉砂岩 | 635 | 635 |
| | | 中统 | 沙溪庙组 | 沙二段 | 泥岩、砂岩、页岩 | 1835 | 1200 |
| | | | | 沙一段 | 暗紫红色泥岩夹砂岩 | 2160 | 325 |
| | 侏罗系 | | 凉高山组 | 凉上段 | 页岩、细砂岩、灰质粉砂岩 | 2240 | 80 |
| | | | | 凉下段 | 泥岩夹灰质粉砂岩 | 2310 | 70 |
| | | 下统 | | 过渡层段 | 泥岩夹泥灰岩 | 2335 | 25 |
| | | | | 大安寨段 | 灰岩夹页岩 | 2415 | 80 |
| | | | 自流井组 | 马鞍山段 | 泥岩夹砂岩 | 2505 | 90 |
| 中生界 | | | | 东岳庙段 | 黑色页岩夹介壳灰岩 | 2555 | 50 |
| | | | | 珍珠冲段 | 泥岩夹细砂岩 | 2700 | 145 |
| | | | | 须六段 | 细砂岩夹页岩 | 2745 | 45 |
| | | | | 须五段 | 黑色页岩夹深灰色粉砂岩及细砂岩 | 2885 | 140 |
| | 三叠系 | 上统 | 须家河组 | 须四段 | 浅灰色、灰白色细砂岩 | 2995 | 110 |
| | | | | 须三段 | 黑色页岩夹灰质粉砂岩、煤、炭质页岩 | 3070 | 75 |
| | | | | 须二段 | 灰白色细砂岩、中砂岩 | 3295 | 225 |
| | | | | 须一段 | 黑色页岩夹灰质粉砂岩、煤、炭质页岩 | 3345 | 50 |
| | | 中统 | 雷口坡组 | 雷四 3A 点 | 浅灰色云岩 | 3350 | 5 |
| | | | | 雷四 3B 点 | 浅灰色云岩 | 3358 | 8 |

### 5.7.1.2 试验情况与分析

中国石油大学(华东)研制的粒子冲击钻井系统设备与牙轮钻头,于 2013 年 8 月在四川龙岗 022-H7 井进行了现场试验。试验现场设备情况如图 5-68 所示。

图 5-68　粒子钻井系统设备及牙轮钻头现场试验

试验钻头与该井上部井段使用的钻头对比见表 5-29,钻头现场试验钻速变化曲线如图 5-69 所示。

表 5-29　试验数据对比

| 层位 | 井号 | 井段 /m | 钻头 型号 | 排量 /L/s | 泵压 /MPa | 钻压 /KN | 转速 /rpm | 钻时 /h | 平均钻速 /m/h |
|---|---|---|---|---|---|---|---|---|---|
| 须家河组 | 试验井段 龙岗 022-H7 | 2803-2920 | 试验钻头 | 28 | 20 | 175 | 70 | 56.5 | 2.10 |
| | 对比井段 龙岗 022-H7 | 2731-2802 | HJT 537GK | 26 | 14 | 175 | 70 | 63 | 1.09 |

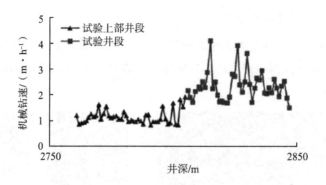

图 5-69　牙轮钻头现场试验钻速变化曲线

试验过程中,粒子注入浓度 1‰～2‰,注入量 7.7 t,注入压力 20 MPa,试验期间粒子回收率 90%。通过现场数据监测,结合现场录井数据,试验过程中机械钻速变化如图 5-18 所示。牙轮钻头纯钻进 56.5 h,进尺 118 m,试验井段比上部井段机械钻速提高了约 92%。其中,由于首次进行功能性试验,为确保钻井安全,粒子冲击钻进进尺 2.62 m,该段机械钻速明显高于其他井段,表明粒子加入到达井底后破岩提速效果较明显。

试验结果表明,粒子钻井系统能够满足粒子冲击钻井的要求,可实现粒子的注入、回收,牙轮钻头钻进表现良好,井下工作稳定,且有较明显提速效果。

### 5.7.2　8-1/2″PDC 钻头现场先导试验

5.7.2.1　8-1/2″六刀翼 PDC 钻头试验情况

中国石油大学(华东)研制的粒子冲击钻井用六刀翼 PDC 钻头,于 2014 年 1 月 19 日至 2014 年 1 月 21 日在胜利黄河钻井公司承钻的玉门油田雅探 602 井进行现场试验。

试验井队:胜利黄河钻井公司 40567 队。

试验井段:2384 m～2421 m。

试验地层:侏罗系新河组灰色泥岩、砂岩。

钻井参数:钻压:40～60 kN,转速:80 rpm,排量:32 L/s,泵压:15 MPa,泥浆密度:1.20 g/cm³。

表 5-30　雅探 602 井工程地质情况

| 施工井队：胜利黄河钻井公司 40567 队 | | |
| --- | --- | --- |
| 工程地质情况 | | |
| 地理位置 | 雅布赖盐场东 50 km | |
| 构造位置 | 雅布赖盆地小湖次凹吉兴构造 | |
| 设计井深 | 3580 m | 完井井深　　　　／ |
| 完钻层位 | 中侏罗统新河组下段 | |
| 地层描述 | | |
| 分层 | 底界设计深（m） | 层厚设计（m） |
| Q | 50 | 50 |
| 第三系 | 200 | 150 |
| 白垩系 | 650 | 450 |
| 侏罗系上统沙枣河组 | 995 | 345 |
| 侏罗系中统新河组上段 | 2390 | 1395 |
| 侏罗系中统新河组下段 | 3580 | 1190 |

图 5-70　粒子钻井钻头现场试验

试验钻头与该井上部井段使用的 PDC 钻头对比见表 5-31。

表 5-31　试验数据对比

| 层位 | 井号 | 井段 /m | 钻头型号 | 排量 /L/s | 泵压 /MPa | 钻压 /kN | 转速 /rpm | 纯钻时 /h | 平均机械钻速 /m/h |
|------|------|---------|----------|-----------|-----------|----------|-----------|-----------|-------------------|
| 侏罗系新河组 | 试验井段 雅探 602 | 2384- 2423 | 试验钻头 HTS2655A | 32 | 15 | 60 | 80 | 48 | 1.10 |
| | 对比井段 雅探 602 | 2242- 2280 | 百施特 M1665BV | 32 | 15 | 80 | 80 | 49.2 | 0.76 |

试验结果表明,8-1/2"六刀翼 PDC 钻头井下工作 56 h,纯钻进时间 48 h,钻井进尺 39 m,平均机械钻速 1.10 m/s,起钻出井后,主切削齿有不同程度磨损,但并无崩齿或掉齿,钻头保径齿复合片有轻微磨损,原因是所钻地层岩石非常坚硬,研磨性极高。可以看出,粒子钻头在井底工作稳定,使用寿命有保障,能够满足粒子钻井对钻头的功能性要求。可以预见,在进行大量粒子注入后若实施粒子钻进,该钻头可以较大幅提高机械钻速。因此,8-1/2"六刀翼 PDC 钻头可以保证粒子钻井在硬地层的提速预期。

### 5.7.2.2　8-1/2"五刀翼 PDC 钻头现场试验情况

中国石油大学(华东)研制的粒子钻井用五刀翼 PDC 钻头,于 2014 年 3 月 26 日至 2014 年 3 月 28 日在胜利黄河钻井三公司 40539 队承钻的梁 13-斜 65 井进行现场试验。

试验井队:胜利黄河钻井三公司 40539 队;

试验井段:3100 m～3392 m;

试验地层:新生界古近系新统沙河街组沙三上和沙三中;

岩性:深灰、灰色泥岩夹沙岩;

钻井参数:钻压:40～60 KN,转速:75 rpm,排量:30 L/s,泵压:15 MPa,泥浆密度:1.45 g/cm³。

表 5-32　梁 13-斜 65 井工程地质情况

| 施工井队:胜利黄河钻井三公司 40539 队 | | |
| --- | --- | --- |
| 工程地质情况 | | |
| 地理位置 | 史南油田梁 11-195 井井口方位 3420 距离 87 m | |
| 构造位置 | 济阳坳陷东营凹陷中央断裂背斜带梁 13-斜 60 断块 | |
| 设计井深 | 3490 m | 完井井深　　　　　　／ |
| 完钻层位 | 渐新统沙河街组沙三中 | |
| 地层描述 | | |
| 分层 | 底界设计深(m) | 层厚设计(m) |
| 平原组 | 275 | 275 |
| 明化镇组 | 1030 | 755 |
| 馆陶组 | 1695 | 665 |
| 东营组 | 2335 | 640 |
| 沙河街组沙一段 | 2485 | 150 |
| 沙河街组沙二段 | 2745 | 260 |
| 沙河街组沙三上 | 3025 | 280 |
| 沙河街组沙三中 | 3490 | 365 |

图 5-71　粒子冲击钻井钻头现场试验

试验钻头与该井上部井段使用的 PDC 钻头对比见表 5-33。

表 5-33　现场试验数据

| 层位 | 井号 | | 井段/m | 钻头型号 | 排量/L/s | 泵压/MPa | 钻压/kN | 转速/rpm | 纯钻时/h | 平均机械钻速/m/h |
|---|---|---|---|---|---|---|---|---|---|---|
| 沙三段上段和中段 | 试验井段 | 梁13-斜65 | 3100-3414 | 试验钻头HT2561 | 30 | 15 | 50 | 75 | 58 | 5.4 |
| | 对比井段 | 梁13-斜65 | 2842-2950 | PDC钻头MD517X | 30 | 15 | 60 | 90 | 30.4 | 3.55 |

试验结果表明,8-1/2"五刀翼 PDC 钻头入井 94 h,纯钻进时间 58 h,钻井进尺 314 m,平均机械钻速 5.4 m/s,起钻出井后,钻头主切削齿和保径齿复合片磨损较轻。可以看出,粒子钻头在井底工作稳定,且进尺较长,使用寿命有保障,能够满足粒子钻井对钻头的功能性要求。可以预见,在进行大量粒子注入后若实施粒子钻进,该钻头可以较大幅提高机械钻速。因此,六刀翼 PDC 钻头可保证粒子钻井在坚硬、研磨性高地层提速预期。

## 5.8　本章小结

本章通过粒子冲击钻井系统研制与试验研究,主要结论如下:

(1) 设计加工出出粒子钻井用 8-1/2"牙轮钻头、8-1/2"五刀翼和六刀翼 PDC 钻头三只。

(2) 钻头冲蚀磨损试验表明,100 h 最大冲蚀磨损率为 0.61%,钻头内流道结构及喷嘴设计合理,YG8 硬质合金喷嘴材料强度和耐冲蚀效果较好,表面强化镀镍处理效果较好,钻头使用寿命有保障,可保证粒子冲击钻井钻头成功应用于国内钻井作业现场。

(3) 牙轮钻头和 PDC 钻头分别在龙岗 022-H7 井、玉门油田雅探 602 井和胜利油田梁 13-斜 65 井进行了现场先导试验,钻头钻进表现良好,在井底工作稳定,使用寿命有保障,能够满足粒子钻井对钻头的功能性要求。

# 结　论

本书根据粒子冲击钻井岩石破裂机制和粒子冲击钻井专用钻头研制技术现状,从粒子冲击岩石破裂理论模型、岩石破裂损伤演变动态仿真和试验、钻头水力参数和喷嘴结构优化设计,以及粒子冲击钻井钻头研制与现场先导试验等方面进行了较为全面的研究。本书基于粒子冲击钻井岩石破裂机制,是对粒子冲击钻井钻头研制的初步尝试,在今后的研究工作中有待进一步深入。主要结论有如下。

(1) 通过研究射流侵彻岩石理论模型,得出钢粒磨料射流冲击岩石侵彻过程分为四个阶段:初始撞击阶段、定常稳定侵彻阶段、冲蚀破坏阶段、弹性恢复阶段;分析了钢粒子磨料射流应力波作用对岩石破裂的影响,理论计算出岩石冲击点附近由于波动引起的最大正应力,其值远大于岩石强度而形成岩石侵彻破裂;分析得到粒子冲击岩石破裂裂纹扩展计算理论模型。

(2) 利用有限元数值方法,模拟了单个钢粒子冲击破岩过程,分析了岩石破裂裂纹产生的原因和不同参数对破裂的影响效果,模拟结果表明:岩石受到的最大剪应力约为 130 MPa,且位于冲击点下某一深度位置;最大主应力(压应力)约为 300 MPa,最小主应力(拉应力)约为 60 MPa,且位于冲击面某边缘位置。岩石在钢粒冲击作用时的受力都大于岩石的强度指标,岩石发生压剪破碎和拉剪破裂,在脆性岩石产生拉剪裂纹,拉剪裂纹继续受力则可导致扩展贯通,岩块被裂纹交割而掉落基体,产生剪切破碎。钢粒子直径 1～3 mm、入射速度在 100～250 m/s 范围岩石破裂损伤较严重。

(3) 采用 SPH 算法,模拟了钢粒子磨料射流混合体侵彻岩石破裂的过程,分析了钢粒磨料射流浓度等参数对岩石破裂的影响效果,模拟结果表明:钢粒子磨料射流冲击岩石的全过程基本分为初始冲击阶段、岩石损伤起裂阶段、岩石破裂损伤扩展阶段、岩石剪切破碎阶段;钢粒子磨料浓度在 5% 以内岩石破裂损伤较严重。

(4)编写了一套数值计算程序,用于模拟钢粒子磨料射流冲击动荷载作用下岩石破裂裂纹扩展的过程。结果表明:裂纹中心沿裂纹边缘扩展产生自相似扩展裂纹,即裂纹起裂,起裂强度约为岩石抗压强度的 31.5%,裂纹的损伤过程主要是裂纹上、下缘自相似扩展、翼裂纹扩展以及扩展产生的次生裂纹再扩展;压-剪应力导致裂纹面附近的自相似扩展,拉剪应力导致裂纹尖端的翼裂纹扩展;岩桥贯通形成较大的破裂带,破裂带向岩石自由面方向扩展,最后在岩石某个自由面汇合而局部崩裂脱离基体,产生剪切破碎。

(5)开展了岩石微观裂纹 CT 扫描试验,得到了粒子冲击钻井岩石破裂机制。粒子冲击岩石破裂的宏观表象为冲击区内剪切裂纹的扩展贯通、岩块崩裂和脱痂而导致冲击坑向侧壁和深部不断扩容的过程。粒子冲击到岩石表面中心区域后,在接触区边界会产生拉、剪应力,并在侵彻作用下将形成初始破碎坑,破碎坑可以看作是岩石初始损伤,在其周边表面及内部分布有无数排列无序、形态各异的裂纹,随着钢粒子磨料射流持续冲击,在动载荷、楔入和侵彻的共同作用下,压—剪应力导致裂纹面附近的自相似扩展,拉剪应力导致裂纹尖端的翼裂纹扩展,裂纹张开度增加,并沿自由面方向扩展、贯通,逐步交割岩石成小碎块,促使碎块崩裂脱离基体,形成倒"V"形剪切破碎坑,不断向深部和侧壁扩容。

(6)提出了粒子冲击钻井钻头优化设计原理:首先,钻头设计应满足粒子从喷嘴喷出冲击岩石表面的数量、速度和冲击频率足够高,以产生出大量破碎坑,持续冲击后裂岩石损伤累积,大量初始裂纹快速扩展、贯通,并局部崩裂掉块,发生剪切破碎,形成初始损伤破裂区域,岩石强度迅速降低。然后,再以机械齿的切削联合破碎井底岩石为主。众多微小破碎坑岩石初始损伤,每两个相邻破碎坑之间的岩块可以看作是解除了三轴应力状态条件的柱状岩脊,在钻头钻压和切削作用下,岩脊相当于单轴压缩或剪切受力情况,更容易被破碎,破岩效率大幅提高。

(7)开展钢粒子磨料射流冲击破岩参数优选试验。综合考虑能量利用率和冲蚀磨损、加工制造等因素,在粒子冲击钻井现场中,建议粒子浓度选用 2%～4%、喷距为 20 mm 左右、喷嘴直径为 8～12 mm、喷射角度以 10°～15°为宜,并且在允许范围内提高泵压以便提高钻头压降,有利于钢粒子磨料射流冲击破岩。在此基础上,对钻头水力参数和喷嘴结构进行了优化设计,设计加工出 2 种粒子冲击钻井钻头专用喷嘴,数值模拟了喷嘴流场分布,结果表明专用喷嘴能够保证粒子加速效果和高效破岩。

(8) 完成了 8-1/2"牙轮钻头、8-1/2"五刀翼和六刀翼 PDC 钻头的设计加工,分别在龙岗 022-H7 井、玉门油田雅探 602 井和胜利油田梁 13-斜 65 井进行了现场先导试验,试验结果表明:钻头能够满足粒子冲击钻井的功能性要求,钻头使用寿命能够得到保障。其中,牙轮钻头纯钻进 56.5 h,进尺 118 m,试验井段比上部井段机械钻速提高了约 92%;8-1/2"五刀翼 PDC 钻头入井 94 h,纯钻进时间 58 h,钻井进尺 314 m,平均机械钻速 5.4 m/s;8-1/2"六刀翼 PDC 钻头井下工作 56 h,纯钻进时间 48 h,钻井进尺 39 m,平均机械钻速 1.10 m/s。

# 参考文献

[1] 伍开松，古剑飞，况雨春，等. 粒子冲击钻井技术述评[J]. 西南石油大学学报(自然科学版)，2004，30(2)：142-146.

[2] Harry B. Curlett, David Paul Sharp, Marvin Allen Gregory. FORMATION CUTTING METHOD AND SYSTEM[P]. US6386300B1, 2002-05-14.

[3] 徐依吉，靳纪军，廖坤龙，等. 粒子冲击钻井的粒子回收技术研究[J]. 石油机械，2013，41(2)：14-16.

[4] 徐依吉，赵红香，孙伟良，等. 钢粒冲击岩石破岩效果数值分析[J]. 中国石油大学(自然科学版)，2009，33(5)：68-69.

[5] Gordon A. Tibbitt, Greg G. Galloway. Particle drilling alters standard rock-cutting approach[J]. World Oil, 2008, 6：77-79.

[6] 伍开松，荣明，况雨春，等. 粒子冲击钻井破岩仿真模拟研究[J]. 石油机械，2008，36(2)：9-11.

[7] 颜廷俊，姜美旭，张杨，等. 基于 ANSYS-LSDYNA 的围压下粒子冲击破岩规律[J]. 断块油气田，2012，19(2)：241-244.

[8] 王明波. 粒子水射流结构特性与破岩机制研究[D]. 东营：中国石油大学(华东)，2006.

[9] 王瑞和，倪红坚. 高压水射流破岩机制研究[J]. 石油大学学报，2002，26(4)：118-120.

[10] FOREMAN S E and SECOR G A. The mechanics of rock failure due to water jet impact[R]. Sixth Confer-ence on Drilling and Rock Mechanics, Society of Petroleum Engineers, Austin, TX, 7973, SPE：42-47.

［11］KINOSHITA T. An investigation on the compressible properties of liquid-jet and its impact on to the rock sur-face［R］. Proceeding of the 3rd International Sympo-sium on Jet Cutting Technology，Chicago USA，1976.

［12］DANIEL L M，ROWLANDS R E and LABUS T J. Photoelastic study of water jet impact［R］. Proc 2nd Int Symp Jet Cutting Tech，Cambridge，UK，1974.

［13］Griffith A. The Phenomena of ruptures and flow in solids［J］. Phil Trans，1920，221(A)：163-198.

［14］Brace，W. F. and Bombolakis，E. G. A note on brittle crack growth in compression［J］. Geophys. Res. ，1963，68(6)：3709-3713.

［15］Hoek，E. and Bieniawski，Z. T. Brittle fracture propagation in rock under compression［J］. Int. J. Fract. Mech，1965，1：137-155.

［16］Salamon，M. D. Elastic moduli of a stratifies rock mass［J］. International Journal of Rock Mechanics and Mining Science. Abstra，1968，5(1)：519-527.

［17］Wong T F. Micro mechanics of faulting in Westerly granite ［J］. Int. J. Rock Mech. Min. Sci. Geomech. Abstr. 1982，19(2)：49-64.

［18］李廷春. 三维裂纹扩展的 CT 试验及理论分析研究［D］. 武汉：中国科学院武汉岩土力学研究所，2005.

［19］任伟中，白世伟，丰定祥. 平面应力条件下闭合断续节理岩体力学特性试验研究［J］. 试验力学，1999，14(4)：520-527.

［20］Wong T F，Wong R H C，et al. Micromechanics and rock failure process analysis ［J］. Key Engineering Materials，2004，261-263（I）：39-44.

［21］郭彦双. 脆性材料中三维裂纹断裂试验、理论与数值模拟研究［D］. 济南：山东大学博士学位论文，2007.

［22］柴军瑞，仵彦卿. 岩体渗流场与应力场耦合分析的多重裂纹网络

模型[J]. 岩石力学与工程学报，2000，19(6)：712-717.

[23] 赵延林，彭青阳. 高水压下岩体裂纹扩展的渗流-断裂耦合机制与数值实现[J]. 岩土力学，2014，35(2)：78-79.

[24] Reyes O, Einstein H H. Fracture mechanism of fractured rock, a fracture coalescence model[C]. In Proc. 7th Int. Conf. On Rock Mech. , 1991，10(1)：333-340.

[25] Shen B, Stephansson O, Einstein H H et al.. Coalescence of fractures under shear stress experiments[J]. Journal of Geophysical Research，1995，100(6)：5975-5990.

[26] Bobet A, Einstein H H. Fracture coalescence in rock-type material under uniaxial and biaxial compression[J]. International Journal of Rock Mechanics and Mining Sciences，1998，35(7)：863-888.

[27] 许鲁楠. 粒子冲击钻井钻头喷嘴试验研究[D]. 东营：中国石油大学(华东)，2011.

[28] BIRKHOFFG, MACDOUGALLD P, PUGHEMeal. Explosives with lined cavities[J]. Journal of Applied Physics，1948，19(6)：563-582.

[29] ABRAHAMSONGR, GOODIER J N. Penetration by shaped charge JETS of nonuniform velocity[J]. Journal of Applied Physics，1963，34(1)：195-199.

[30] ALLISONFE, VITALIR. A new method of computing penetration variables for shaped-charge jets, AD400485[R]，1963.

[31] DIPERSLOR, SIMON J. The penetration-standoff relation for idealized shaped charge jets, 1542[R]，1964.

[32] TATE, A. A theory for the deceleration of long rods after impact[J]. Journal of the Mechanics and Physics of Solids，1967，15(6)：387-399.

[33] 张永利. 岩石在磨料射流作用下破坏机制[J]. 辽宁工程技术大学学报，2006，25(6)：836-838.

［34］李廷春. 三维裂隙扩展的 CT 试验及理论分析研究［D］. 武汉：中国科学院岩土所，2005.

［35］Kemeny I，Cook N G W. Effective moduli，non-linear deformation and strength of a cracked elastic solid. Int. J. Rock Mech. Min. Sci. &. Geomech. Abstra. Vol. 23，No. 2，1986.

［36］马晓青. 冲击动力学［M］. 北京：北京理工大学出版社，1992：374-394.

［37］杨桂通. 土动力学［M］. 北京：中国建材工业出版社，2000：99-129.

［38］邢雪阳，徐依吉，杨勇. 粒子冲击钻井钻头内流道冲蚀特性研究［J］. 石油机械，2015，43(11)：39-43.

［39］邢雪阳，徐依吉. 粒子冲击钻井岩石破裂机制研究［A］//2015 油气田勘探与开发国际会议论文集［C］. 中国重要会议论文全文数据库(CPCD)，2015，8(1).

［40］徐依吉，邢雪阳，靳继军. 磨料射流在石油钻井工程中的应用［J］. 清洗世界，2015，31(8)：19～24.

［41］Gordon Allen Tibbitts，Murrray. Impact excavation system and method with suspension flow control. United States Patent Application Publication：2006.

［42］Tibbitt Gordon A. IMPACT EXCAVATION SYSTEM AND METHOD WITH SUSPENSION FLOW CONTROL［M］. United States：US2008 /0017417A1，Jan. 24，2008.

［43］Thomas Hardisty. Big oil is turning into hard rock to get to petroleum resources［J］. Houston Business Journal，2007，37(44)：66-67.

［44］陈廷根，管志川. 钻井工程理论与技术［M］. 东营：中国石油大学出版社，2000.

［45］徐依吉，赵健，李鹏. 钢粒磨料射流在石油工程中的应用［J］. 清洗世界，2011，(10)：38-42.

[46] 孙占华. 基于 FE-SPH 自适应耦合方法的弹靶侵彻动态响应分析[D]. 长沙:湖南大学, 2012.

[47] 向文英. 淹没射流中磨料与气泡相互关系研究[D]. 重庆:重庆大学资源与环境科学学院, 2007.

[48] 傅旭东, 王光谦. 低浓度固液两相流的颗粒相动理学模型[J]. 力学学报, 2003, 35(6): 650-659.

[49] 唐学林, 徐宇, 吴玉林. 高浓度固-液两相流紊流的动理学模型[J]. 力学学报, 2002, 34(6): 956-961.

[50] 徐宇, 吴玉林, 唐学林. 用动理学方法推导空化流的控制方程[J]. 清华大学学报, 2003, 43 (10): 1416-1419.

[51] VICTOR L STREETER, E BENJAMIN WYLIE, KETTH W BEDFORD. Fluid Mechanics[M]. 北京:清华大学出版社, 2003.

[52] 曹会敏, 张少峰, 高聪, 等. 多相流颗粒碰撞磨损的研究[J]. 管道技术与设备, 2008, 1 (1): 20-29.

[53] A. G. Evans. Impact damage mechanics solid projectiles in C. M. Preeceed[J]. Treatise on Materials and Technology, 1979, 16: 1-67.

[54] 张宏. 淹没条件下水射流破岩效率数值模拟[D]. 重庆:重庆大学, 2012.

[55] 崔漠慎, 孙家骏. 高压水射流技术[M]. 北京:煤炭工业出版社, 1993.

[56] 沈忠厚. 水射流理论与技术[M]. 东营:中国石油大学出版社, 1998.

[57] 郭术义, 陈举华. 流固耦合应用研究进展[J]. 济南大学学报, 2004, 18(1): 123-126.

[58] 倪红坚, 王瑞和, 张延庆. 高压水射流作用下岩石的损伤模型[J]. 工程力学, 2003, 20(5): 59-62.

[59] 杨小林, 王树仁. 岩石爆破损伤模型及评述[J]. 工程爆破, 1999, 5(3): 71-75.

[60] 宋祖厂，陈建民，刘丰，等．基于 SPH 算法的高压水射流破岩机制数值模拟[J]．石油矿场机械，2009，38（12）：39-43．

[61] 白金泽．LS-DYNA3D 理论基础与实例分析[J]．北京：科学出版社，2005．

[62] 李耀．混凝土 HJC 动态本构模型的研究[M]．合肥：合肥工业大学出版社，2009．

[63] 马晓青．冲击动力学[M]．北京：北京理工大学出版社，1992．

[64] 杨桂通．土动力学[M]．北京：中国建材工业出版社，2000．

[65] 彭家强．磨料水射流光整加工喷嘴流场的数值模拟与结构参数分析[D]．绵阳：西南科技大学，2012．

[66] 牛涛．提高微小井眼钻头破岩效率的研究[D]．东营：中国石油大学(华东)，2008．

[67] 段鹏．影响粒子冲击破岩效果主要因素的试验研究[D]．东营：中国石油大学(华东)，2012．

[68] 管志川，刘希圣，陈庭根．PDC 钻头条件下圆喷嘴撞击射流井底流场的数值模拟[J]．石油大学学报(自然科学版)，1995，19(5)：30-34．

[69] 王瑞和，沈忠厚，蔡镜仑．倾斜射流在井底产生的漫流特性研究[J]．石油大学学报，1992，16(1)：34-39．

[70] 刘希圣．钻井工艺原理[M]．北京：石油工业出版社，1988．

[71] 刘泉声，许锡昌．三峡花岗岩与温度及时间相关的力学性质试验研究[J]．岩石力学与工程学报，2001，20(5)：715-720．

[72] Spea J R. Formation Compressive Strength for Predicting Drilla-bility and PDC Selection[C]. SPE, 29397, 1995.

[73] 左建平，谢和平，周宏伟，等．温度压力耦合作用下的岩石屈服破坏研究[J]．岩石力学与工程学报，2005，24(16)：2917-2921．

[74] 阎铁．深部井眼岩石力学分析及应用[D]．哈尔滨：哈尔滨工业大学，2001．

[75] 张玉卓．探索岩层力学中的非确定性[A]//中国科协第 21 次"青

年科学家论坛"报告文集[C]. 北京：石油工业出版社，1997：77-82.

[76] 孙坤忠. 提高鄂西渝东地区钻井速度有益探索[J]. 江汉石油科技，2004，14(3)：36-41.

[77] 王同良. 世界石油钻井科技发展水平与展望[A]//中国科协第46次"青年科学家论坛"论文集[C]. 北京：中国科学技术出版社，1999：24-34.

[78] 王大勋，刘洪，韩松，等. 深部岩石力学与深井钻井技术研究[J]. 钻采工艺，2006，29(3)：6-10.

[79] 朱有庭，曲文海，于浦义，等. 化工设备设计手册(上卷)[M]. 北京：化学工业出版社，2004.

[80] 张展. 非标准设备设计手册(第3册)[M]. 北京：兵器工业出版社，1993.

[81] 刘鸿文. 材料力学 I[M]. 北京：高等教育出版社，2004.

[82] 丁伯民，黄正林. 高压容器[M]. 北京：化学工业出版社，2003.

[83] 机械工程手册电机工程手册编辑委员会. 机械工程手册(第二版)[M]. 北京：机械工业出版社，1996.

[84] 董大勤，袁凤隐. 压力容器设计手册[M]. 北京：化学工业出版社，2005.

[85] 朱有庭，曲文海，于浦义，等. 化工设备设计手册(上卷)[M]. 北京：化学工业出版社，2004.

[86] 陈裕川. 焊接工艺评定手册[M]. 北京：机械工业出版社，1999.

[87] 宋天虎. 焊接手册(第二版)第二卷[M]. 北京：机械工业出版社，2001.

[88] 闻邦椿. 机械设计手册(第三卷)[M]. 北京：机械工业出版社，2010(12)：5-7.

[89] 龚步才. O形圈在静密封场合的选用[J]. 流体传动与控制，2005(4)：52-56.

[90] 殷绥域. 弹塑性力学[M]. 武汉：中国地质大学出版社. 1990：

80-81.

[91] 叶文邦.压力容器设计指导手册(上)[M].昆明:云南科技出版社,2006.

[92] 胡宗武,徐履冰,石来德,等.非标准机械设备设计手册[M].北京:机械工业出版社,2009:774-775.

[93] 裴志军.混凝土搅拌车搅拌筒叶片螺旋线的探讨[J].建筑机械,2007,(5):54-55,59.

[94] 王晓君,李献杰,陈焕春,等.搅拌筒叶片非等角对数螺旋线的设计及展开图的实现[J].建筑机械,2011,(10):100-103.

[95] 张慧.混凝土搅拌车搅拌结构设计及流场仿真[D].重庆:重庆大学,2012.

[96] 周毅,邢雪阳,王瑞英,等.旋转储罐式粒子冲击钻井回收系统设计与试验[J].石油机械,2014,42(9):31-34.

[97] 陈先树.混凝土搅拌运输车减速机的性能研究及其优化[D].西安:长安大学,2012.

[98] 范占峰.称重系统检测系统的设计与实现[D].成都:电子科技大学,2013.

[99] 郎桐.输送机的分类及选型与设计[J].砖瓦,2011,(5):15-19.

[100] 杜锡刚.带式输送机传动滚筒力学分析及参数化绘图[D].太原:太原科技大学,2009.

[101] 于猛,王大志.浅析胶带输送机跑偏的预防[J].民营科技,2011,(3):160.

[102] 甘得泉.柔性产品平台设计理论及其应用[D].天津:河北工业大学,2010.

[103] 檀润华.柔性产品平台设计理论及其应用[D].天津:河北工业大学,2010.

[104] 姜鑫.矿料皮带运输能力与爬坡能力数值模拟研究[D].武汉:武汉理工大学,2013.

［105］陈莹．粒子图像测速技术在液体射流泵内部流场测试中的应用［D］．郑州：华北水利水电学院，2006．

［106］刘德毅．磁性分离器的应用及探讨［J］．机械管理开发，2006，91(4)：39-40．

［107］徐维国．稀悬浮液回收净化流程与磁选机选择探讨［J］．煤炭加工与综合利用，2004，(5)：5-6．

［108］陈建生，杨刚．磁选机的现状和发展趋势（二）［J］．矿山机械，2009，37(19)：82-83．

［109］范祖尧．现代机械设备设计手册［K］．北京：机械工业出版社，1996：17-292-17-295．

［110］孙绍斌，张同昱．磁选分离技术的设计思路［J］．西部探矿工程，2003，84(5)：45-48．

［111］焦红光，布占文，赵继芬，等．筛分技术的研究现状及发展趋势［J］．煤矿机械，2006，(10)：8-10．

［112］牟长青，卢胜勇等．介绍几种新型平动椭圆钻井液振动筛［J］．石油矿场机械，2005，34(4)：88-89．

［113］赵宝忠，王宗明．钻井液振动筛发展趋势探讨［J］．石油矿场机械，2001，30(3)：7-9．

［114］毛炳坤．多级式粒子分离系统分析与设计［D］．东营：中国石油大学(华东)，2012．

［115］张路霞，李云峰，振动筛筛分效率的影响因素分析［J］．煤矿机械，2008，29(11)：73-79．

## 作者简介

邢雪阳,男,汉族,1987年10月生,山东曲阜人,2016年博士毕业于中国石油大学(华东)石油工程学院油气井工程专业,主要从事岩石力学与高压水射流技术研究。